JN265482

The Uniforms of La Grande Armée

Jackets, Shakoes, Harness and etc. in Color Plates

Lucien Rousselot

Yoshifumi Tsujimoto   Reiko Tsujimoto

Maar-sha Publishing

Napoleon's Army 1790-1815
by Lucien Rousselot
First Published in the United States of America in 2012 by Andrea Press,
Miniatures Andrea S.L. C/Talleres, 21-Pol. Ind. de Alpedrete 28430 Alpedrete(Madrid), Spain
Andrea Depot USA, INC. 1822 Holly Rd., Suite 110 Corpus Christi TX 78417 Texas, USA

Copyright © 2013 Andrea Press. All rights reserved.
Reproduction in whole or in part of the photographs, text or drawings,
by means of printing, photocopying or any other system,
is prohibited without prior written authorisation of Andrea Press.
Japanese translation rights arranged with Andrea Press

華麗なるナポレオン軍の軍服

絵で見る上衣・軍帽・馬具・配色

リュシアン・ルスロ 著

辻元よしふみ　辻元玲子 監修翻訳

マール社

序文

　1943年、フランスはまだドイツ軍の占領下にあったが、リュシアン・ルスロのフランス軍に関する最初の歴史的な図版シリーズが出版された。それは粗末な紙2ページに印刷されており、第1帝政期の軽騎兵の制服をフルカラーで表現した類稀な作品だった。不幸にしてこの素晴らしい作品は限定部数で頒布され、値段も高価だったため、一般に広く普及することはなかった。しかし、そのデビュー以来、彼の傑出した仕事は、より実用的な出版形式かつ適正な価格で求められるようになり、今ではルスロの傑作は、より商業的なベースで広く提供されるようになった。

　本書はナポレオン軍に関する図版だけを扱っている。2つの大きな章を立てて、正規軍と皇帝親衛隊を取り上げている。さらにそれぞれの章で、歩兵、騎兵といった個々の兵科を紹介している。編集の都合で、図版にかかわる原テキストについて、若干の修正をしている。

　オリジナルの図版については、手を加えることはしていない。ただし本の体裁に合わせ位置をずらした箇所がある。一方、多くのイラストのサイズはオリジナルから変更している。また理解を深める必要のために、脚注を追加している箇所がある。

　ナポレオン軍の制服では配色が重要な役割を果たしていた。ルスロが使用しているオリジナルの着色を理解するために、カラーチャートを追加しており、ナポレオン軍の兵士たちが用いた、所属により異なる色相を示している。

　オリジナルのテキストで、些細な番号表示の誤りがある部分は、修正を施している。

　最後になるが、ルスロが原テキストで引用した一次資料については、巻末の参考文献にリストを掲載している。

アンドレア・プレス社

リュシアン・ルスロとナポレオン軍　推薦の辞

「おお、ほかのナポレオン軍の本とは全然、違う！」これが本書を手にしてページをめくった多くの方の感想でしょう。今日では疑いもなく、ナポレオン軍に関する類書の何にも優るという評価が定まっております。この特筆すべき大冊は、第1帝政期の軍隊の研究書で、華麗な制服や装備品、装飾品を扱っています。全てを調べ上げ発表したのは、イラストレーター、画家で著者であり、この分野で右に並ぶ者がいないリュシアン・ルスロ氏であります。

私は本書の推薦文を書くことを許され、本当に光栄に思っております。というのも、サーブルタッシュ会の活動の支えとなり、参照資料となっているのが、ルスロ氏のイラストと著作であるからです。彼は人生を通じて古い時代の軍隊、ことに執政期と第1帝政期の軍隊に関する私たちの知識に寄与してくれました。

私が若い尉官だった時代、私は幸運にもルスロ氏の名高い図版のセットを保有しておりました。この点は祖父に感謝しています。後に本格的に歴史を学ぼうと切望したとき、これらの図版と文章が大いに役に立ちました。私がメッツで勤務していた1960年代、パリに赴いてルスロ氏を表敬訪問しました。私たちはその後、二度と再会できなかったのですが、あのルスロ氏との出会いが、私に軍事史研究を継続させたのだな、といつも考えています。

ルスロ氏が永遠の旅立ちをし、芸術家や軍装研究家のパンテオンに入ってから15年以上がたちましたが、彼の仕事は常に、知的興味に偉大な刺激を与えてくれます。多くの専門家がリュシアン・ルスロ氏の業績を称賛しております。彼の信じられないほど精緻なイラストと文章をご覧になってください。決してがっかりされることはないはずです。

　　　　　　　フランス陸軍少将　サーブルタッシュ会会長
　　　　　　　ミシェル・アノト

訳者注：サーブルタッシュ会は1901年に創設されたフランスの軍事史研究家や収集家の権威ある学会。

華麗なるナポレオン軍の世界　　監訳者の辞

　2015年はワーテルローの決戦*が行われた1815年から200年という節目の年です。まさにナポレオンの華麗なる大陸軍が改めて注目を集めることになります。それにしても、なぜナポレオン軍の軍服はあんなにきらびやかで華麗なのでしょうか？　一つには、19世紀初めにはまだ小銃の性能が低く、敵の狙撃を恐れるよりも、砲煙が立ちこめる戦場で敵味方がはっきり区別できる派手な軍服の方が良かった、という理由があります。各国の軍人たちが地味なカーキ色などの軍服を着始めるのは19世紀も後半のことで、迷彩服に至っては1930年代になってようやく登場したものです。

　そしてもう一つ、ナポレオンは国内の繊維・服飾産業を振興するために、出来るだけ豪華な軍服を採用したという面もあります。これは、17世紀にやはり非常に豪華な服を貴族や軍人たちに着せたルイ14世の政策を見習った、ということになるでしょう。

　実際、ナポレオン・ボナパルトは歴史的に見ると複雑な存在です。王政・貴族制を打倒したフランス革命の申し子であり、初めフランス共和国の第一執政として事実上の独裁者となります。その後、皇帝となったナポレオンは、革命で廃止された貴族制度と元帥の称号を復活します。また、もともと執政官親衛隊として組織されたナポレオンの近衛部隊は、帝政期に入って皇帝親衛隊と改名するや、俄然きらびやかな軍装に変化して行きます。

　ナポレオン軍は瞬く間に全欧州を席巻しました。その結果、ナポレオン無敵伝説は浸透し、19世紀の世界中の軍服がその影響を受けることになりました。欧州はもちろんのこと、南米諸国や、遠く離れた日本まで。明治期の日本陸軍が最も参考にしたのはフランス軍のファッションでした。時代はすでにナポレオンの甥、ナポレオン3世による第2帝政の時代でしたが（この甥の登場で、ナポレオン本人の時代は第1帝政と呼ばれるようになります）、ナポレオン伝説は日本にも鳴り響いていたのです。初期の日本陸軍の制服はフランス式で、その後、徐々にドイツ風に流行は変わりますが、肋骨式の軍服とか、正装の際に帯びる儀礼剣、肩章の付け方などにフランス軍の影響が長く残ります。日本軍のみならず、ナポレオン軍のハンガリー軽騎兵や猟騎兵が着用した肋骨軍服、ポーランド槍騎兵が着たクルトカ（ドイツでいうウーランカ）などの華やかな制服は、第1次大戦頃まで世界の軍服の標準に残りました。

　そして今日でも、当時の軍服の襟にヒントを得たいわゆる「ナポレオン・ジャケット」はファッション・スタイルの一つとして各ブランドが取り入れ、繰り返し流行しています。各国軍隊の礼装や、各種のパレード服などに、肋骨服や正肩章、飾緒などの様式が色濃く残っております。有名なバッキンガム宮殿の英国近衛兵が被っている熊毛帽も、もともとナポレオンの皇帝親衛擲弾兵の帽子を模倣したものです。このように、最も華やかな制服文化が花開いたナポレオン軍の意匠が、しっかりと今に受け継がれているわけです。

　ナポレオンが率いた軍隊は大陸軍 La Grande Armée と呼称されました。これはフランス帝国軍を中核に、ナポレオンに従った同盟国軍も加えた総称ですが、広い意味で「ナポレオン軍」と理解していいと思います。その軍隊はナポレオン

---

*1815年6月、ベルギーのワーテルロー周辺で行われた戦い。これに敗れ、ナポレオンは完全に退位した。

に直属する皇帝親衛隊と、一般の正規軍部隊に分かれました。ナポレオン本人は親衛擲弾歩兵連隊長の軍服と、親衛猟騎兵連隊長の軍服を好んで着ていました。その主要な編成を示せば以下のようになります。

◆正規軍
歩兵　　軽歩兵（猟兵、カラビニエール、選抜兵）
　　　　戦列歩兵（フュージリア、擲弾兵、選抜兵）
騎兵　　ハンガリー軽騎兵／軽槍騎兵／竜騎兵／戦列猟騎兵／
　　　　胸甲騎兵／カラビニエール
砲兵　　徒歩砲兵／騎馬砲兵／牽引砲兵
支援部隊　国家憲兵／輜重牽引兵

◆皇帝親衛隊
親衛歩兵　親衛擲弾歩兵／親衛猟歩兵／親衛フュージリア（猟兵、擲弾兵）
親衛騎兵　親衛ポーランド槍騎兵／親衛猟騎兵／親衛竜騎兵／親衛擲弾騎兵
親衛砲兵　親衛徒歩砲兵／親衛騎馬砲兵／親衛牽引砲兵
　　　　　親衛海兵／親衛工兵／親衛精鋭憲兵

　本書は2012年にアンドレア・プレス社が刊行した『Napoleon's Army 1790-1815』の邦訳版で、歴史復元画家リュシアン・ルスロ氏の長年の研究をまとめたものです。原書は400㌻近い大冊であり、この邦訳版では、各兵科の軍装や組織を簡潔に解説し、後は出来るだけルスロ氏の絵で理解していただく、という方針で編集しています。

　原文のフランス語をアンドレア社が英訳し、その英訳版を今回、日本語にしていますが、それゆえの混乱もありました。例を挙げれば、英語圏でメジャーMajorと言えば「少佐」の意味です。しかし当時のナポレオン軍ではMajorというのは「中佐」の意味でした。少佐はなんと呼んでいたかというと、騎兵部隊ではシェフ・デスカドロン chef d'escadronでした。ですがアンドレア社の英訳ではMajorはMajorのままで、英語の「少佐」なのかフランス語の「中佐」なのか分かりません。また、ルイ・ベルティエ元帥の肩書としてMajor generalというのが出てきます。英語では「少将」の意味ですが、フランス語でMajor généralは「参謀長」の意味です。これも英語としての「少将」なのか、フランス語としての「参謀長」なのか分からなくなっていました。こういったケースが随所にあるのですが、原文のフランス語を推量し、アンドレア社の英訳が不完全であることを意識しての日本語訳を試みています。ただし、原則として本書は英語版の邦訳ですので、たとえばRegular ArmyとかImperial Guardといったタイトルなどは英語のままを採用しています。

　なお、巻末カラーチャートは、文化学園大学の小柴朋子教授のご協力を得て、同大の勝山祐子准教授に音訳の監修をしていただきました。両先生に厚く御礼申し上げます。

2014年7月1日　辻元よしふみ　辻元玲子
（戦史・服飾史研究家）

The Uniforms of La Grande Armée
Jackets, Shakoes, Harness and etc. in Color Plates

CONTENTS

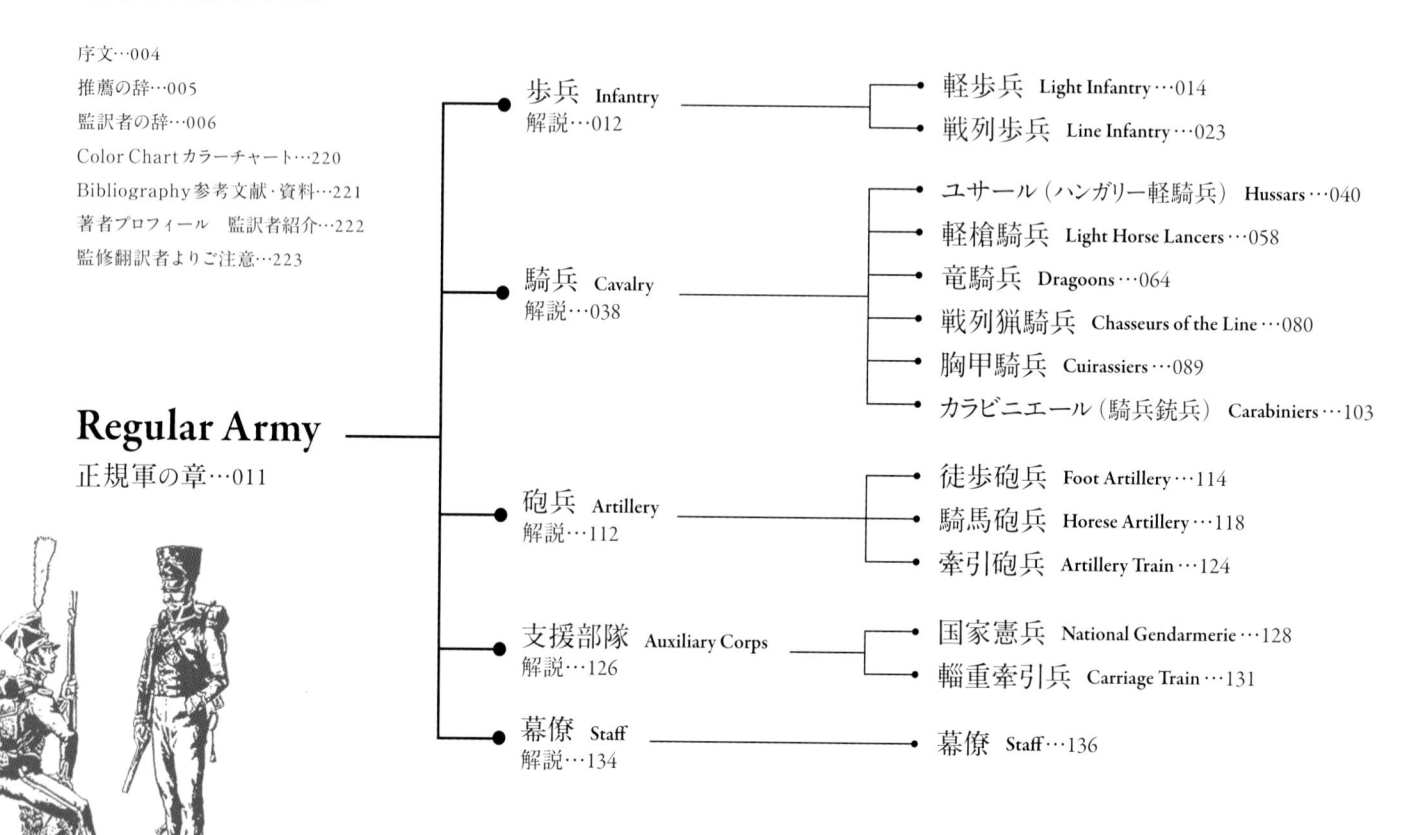

序文…004
推薦の辞…005
監訳者の辞…006
Color Chart カラーチャート…220
Bibliography 参考文献・資料…221
著者プロフィール 監訳者紹介…222
監修翻訳者よりご注意…223

Regular Army
正規軍の章…011

- 歩兵 Infantry 解説…012
  - 軽歩兵 Light Infantry…014
  - 戦列歩兵 Line Infantry…023
- 騎兵 Cavalry 解説…038
  - ユサール（ハンガリー軽騎兵） Hussars…040
  - 軽槍騎兵 Light Horse Lancers…058
  - 竜騎兵 Dragoons…064
  - 戦列猟騎兵 Chasseurs of the Line…080
  - 胸甲騎兵 Cuirassiers…089
  - カラビニエール（騎兵銃兵） Carabiniers…103
- 砲兵 Artillery 解説…112
  - 徒歩砲兵 Foot Artillery…114
  - 騎馬砲兵 Horese Artillery…118
  - 牽引砲兵 Artillery Train…124
- 支援部隊 Auxiliary Corps 解説…126
  - 国家憲兵 National Gendarmerie…128
  - 輜重牽引兵 Carriage Train…131
- 幕僚 Staff 解説…134
  - 幕僚 Staff…136

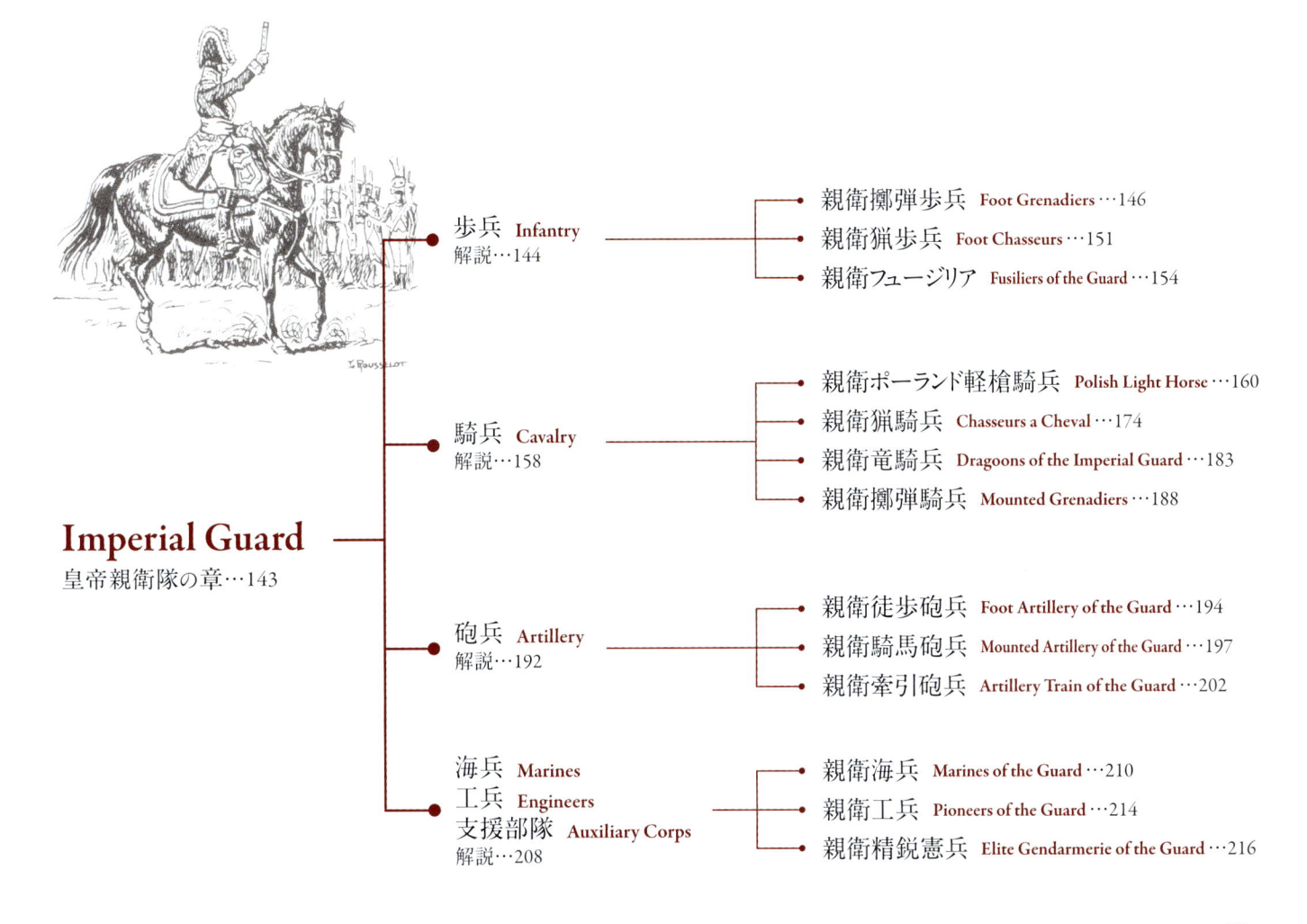

Imperial Guard
皇帝親衛隊の章…143

- 歩兵　Infantry
  解説…144
  - 親衛擲弾歩兵　Foot Grenadiers…146
  - 親衛猟歩兵　Foot Chasseurs…151
  - 親衛フュージリア　Fusiliers of the Guard…154

- 騎兵　Cavalry
  解説…158
  - 親衛ポーランド軽槍騎兵　Polish Light Horse…160
  - 親衛猟騎兵　Chasseurs a Cheval…174
  - 親衛竜騎兵　Dragoons of the Imperial Guard…183
  - 親衛擲弾騎兵　Mounted Grenadiers…188

- 砲兵　Artillery
  解説…192
  - 親衛徒歩砲兵　Foot Artillery of the Guard…194
  - 親衛騎馬砲兵　Mounted Artillery of the Guard…197
  - 親衛牽引砲兵　Artillery Train of the Guard…202

- 海兵　Marines
  工兵　Engineers
  支援部隊　Auxiliary Corps
  解説…208
  - 親衛海兵　Marines of the Guard…210
  - 親衛工兵　Pioneers of the Guard…214
  - 親衛精鋭憲兵　Elite Gendarmerie of the Guard…216

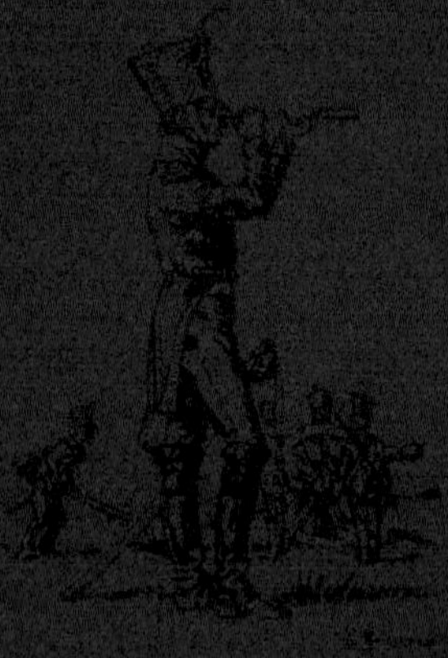

Regular Army

Infantry　Cavalry　Artillery　Auxiliary Corps　Staff

正規軍の章

歩兵
騎兵
砲兵
支援部隊
幕僚

正規軍

歩兵 Regular Army Infantry

歩兵は軽歩兵と戦列歩兵に大別される。

軽歩兵の服装は、専用の裾の短い燕尾上衣にウエストコート（ベスト）、膝丈の半ズボン、ゲートルを着用し、帽子はシャコー（筒型帽）だった。青い燕尾上衣は折り襟と、青い袖の折り返しがあり、赤い立ち襟と赤い袖口パッチに白いパイピングが付いていた。ボタンは初め黄色、後に白色で、角笛の模様と連隊番号が彫られていた。シャコー帽は1801年10月26日付で制定され、左側にコカルド（円形章）とプリュメ（羽飾り）用のソケットがあった。1806年型歩兵用シャコーでは、銀色で金属製スケール（うろこ）型の顎ヒモが加えられ、菱形の帽章には帝国鷲章と角笛、連隊番号が入った。

軽歩兵の主力、猟兵（シャスール）は白いパイピング付きの青い肩章を着けるべきとされたが、実際には、常にフリンジ（モール）付きで、緑色、またはそれに赤い縁取り付きのエポレット（正肩章）を着用した。精鋭中隊（エリート部隊）であるカラビニエール（騎兵銃兵）は赤い正肩章で、上衣の裾の折り返しには擲弾徽章（投擲用の爆弾のマーク）を付け、ゲートルの上端にも赤い線が入った。選抜兵（ヴォルティジュール。散兵ともいう）は黄色と緑、または黄色と赤の正肩章で、裾の折り返しに黄色い角笛の徽章が入り、刀緒やゲートルの縁取り、房飾りは正肩章と同じ配色だった。

各兵科の下士官は銀色の縁取りが裾の折り返しの徽章に入り、また帽子の飾りヒモ、正肩章、軍刀の刀緒にも銀色のラインが交ざった。

指揮官である将校たちの制服は、上衣の裾が長かった。将校のボタンは銀色で、首から金メッキしたゴルゲット（のど当て）を下げた。一般的には、猟兵と選抜兵の将校はゴルゲットに角笛を彫りこんだが、時として連隊番号、帝国鷲章、皇帝の肖像などの場合もありカラビニエールの将校は擲弾のマークを入れていた。実戦での将校はしばしばシングル合わせの上衣を着て、シャコーではなく二角帽（ビコルン）を用いた。後に二角帽には、銀色の縁取りと、両サイドに銀色の筋が入ることもあった。そして円形章と、房飾りが両端に付くことが多かった。また野戦においては、騎兵用の長ズボンとブーツを着用し、軽騎兵用サーベルを2本の剣帯で吊り下げることも見られた。実戦ではゴルゲットはあまり用いられなかったと思われる。

戦列歩兵は、礼装、通常勤務とも黒いゲートルを着けることになっていたが、実際にはパレード用に白いものが用いられた。帽子は初め二角帽で、1801年の規定でシャコー帽が制定されたが、なかなか移行しなかった。警察帽*（略帽）は青い布で作り、赤いパイピングと房飾りが付いていた。大外套（グレートコート）は規定外の服装だったが、作戦中の歩兵たちはさまざまな色と形の民間用オーバーコートを着用していた。

戦列歩兵の各歩兵大隊を構成する中隊のうち最初と、最後の中隊は精鋭中隊だった。最初の中隊が擲弾兵（グレナディアー）中隊、最後の中隊が選抜兵中隊である。主力のフュージリア（燧石銃兵）**の軍服は青い生地に赤い襟、赤いパイピングの付いた白い折り襟で、青い肩章は赤い縁取り付きだった。擲弾兵の軍服も基本的に同形だが、裾の折り返しに赤い擲弾徽章が付き、赤い正肩章を着ける点が異なる。

将校用の正肩章は、大佐は全体が金色、中佐は本体のみ銀色のもので、少佐は左肩に大佐と同じもの、右肩にフリンジなしのものを着ける。大尉は左肩に細いフリンジのもの、右肩にフリンジなしとなる。中尉は赤い線、少尉は赤線2本が入る。規定外で尉官用に赤い菱形線、二重の菱形線が入ったものもあったと見られるが、これは王政時代の規定の復活である。

*警察帽:当時、警察でも採用していたタイプの略帽の一種。略帽にはほかに防寒用のボカレム帽などがあった。
**燧石銃（すいせきじゅう）:それ以前の火縄でなく、火打ち石で着火する銃

軽歩兵

猟兵（シャスール）
Chasseurs
P.014/015/017-022

カラビニエール（騎兵銃兵）
Carabiniers
P.014-018/020/022

戦列歩兵

フュージリア（燧石銃兵）
Fusiliers
P.023-028/031-032/034

擲弾兵（グレナディアー）
Grenadiers
P.026-029/033/035-037

選抜兵（ヴォルティジュール）
Voltigeurs
P.015-018/020-021

将校
Officers
P.014-017/021

その他の中隊
Column-Head Troops
P.032-034

013

Regular Army
Light Infantry
軽歩兵

01 猟兵（シャスール）。1804～06年
02 猟兵。1804～06年
03 カラビニエール（騎兵銃兵）将校。第14軽歩兵連隊
04 野戦装の猟兵。1809年
05 猟兵。1809年
06 猟兵。1808年ごろ
07 猟兵。1808年

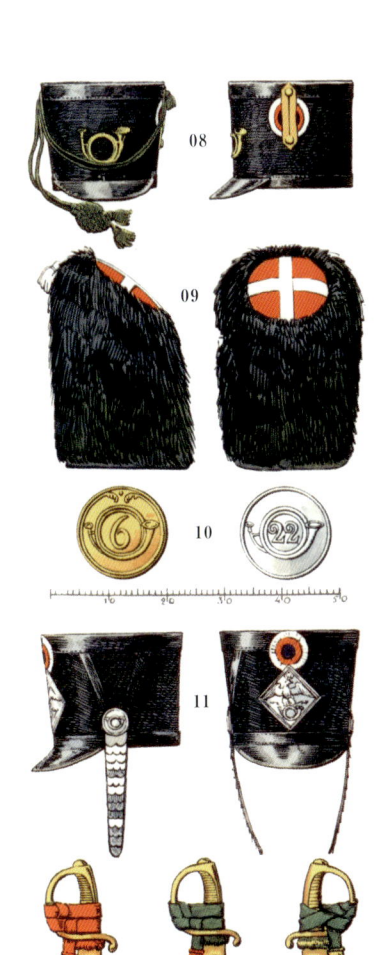

08 1801年型シャコー（筒型帽）
09 カラビニエールの熊毛帽（ヒモ飾りのない状態）
10 軽歩兵用のボタン
11 1806年型シャコー（顎ヒモ付き）
12 刀緒―カラビニエール用、猟兵用、選抜兵用

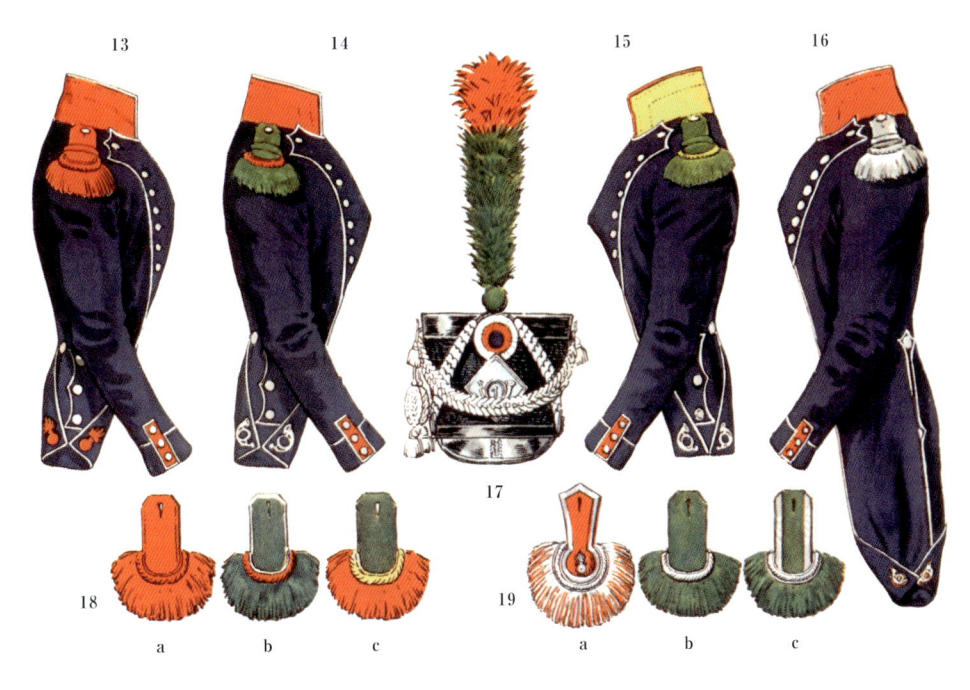

13 カラビニエール上衣。1804～07年
14 猟兵上衣。1807～09年
15 選抜兵（ヴォルティジュール）上衣。1809～12年
16 将校上衣。第27軽歩兵連隊。1805～06年
17 礼装用シャコー。1809年ごろ
18 正肩章。a カラビニエール b 猟兵 c 選抜兵
19 正肩章。同じく下士官用

20 外出装の
   カラビニエール
21 カラビニエール
22 旧式軍装の
   カラビニエール
23 カラビニエール
24 選抜兵
25 第10軽歩兵連隊の
   将校。1808年
26 作戦中の選抜兵
27 選抜兵

01 カラビニエール将校。
　　1806年
02 猟兵将校。1810年
03 猟兵将校。1808年
04 猟兵将校。
　　1809年の行軍仕様
05 選抜兵将校。
　　1809年の行軍仕様
06 正装の猟兵将校。1809年

07、08　カラビニエール。
1810年頃
09、10　選抜兵。1810年頃
11　大外套を着た猟兵。
1809年
12　猟兵。1811～12年
13　猟兵。1809年

第2軽歩兵連隊　1808〜10年 　　第2軽歩兵連隊　1808〜12年 　　第3軽歩兵連隊　1807〜08年

第9軽歩兵連隊　1807〜08年 　　第12軽歩兵連隊　1810〜12年 　　第14軽歩兵連隊　1809年

01 選抜兵。規定通りの服装
02 カラビニエール。規定通りの服装
03 猟兵。規定通りの服装
04 選抜兵。作戦中の服装
05 猟兵。作戦中の服装

06 猟兵将校。規定通りの制服
07 選抜兵将校。作戦中の服装
08 規定通りの制服の少佐
09 シャコーの帽章

021

第10軽歩兵連隊
1807〜08年

第15軽歩兵連隊
1809年

第16軽歩兵連隊
1806年

第16軽歩兵連隊　1807〜08年

第17軽歩兵連隊
1810〜12年

第21軽歩兵連隊
1808年

第24軽歩兵連隊
1810年

第31軽歩兵連隊　1808年

Regular Army
Line Infantry
戦列歩兵

01 戦列歩兵フュージリア（燧石銃兵）
　　礼装。1804～07年
02 野戦装。1804年～07年
03 第3戦列歩兵連隊。1807年
04 訓練仕様のシャツ姿。1808年
05 正装。1808～12年
06 野戦装の伍長。1809～12年
07 大外套姿のフュージリア

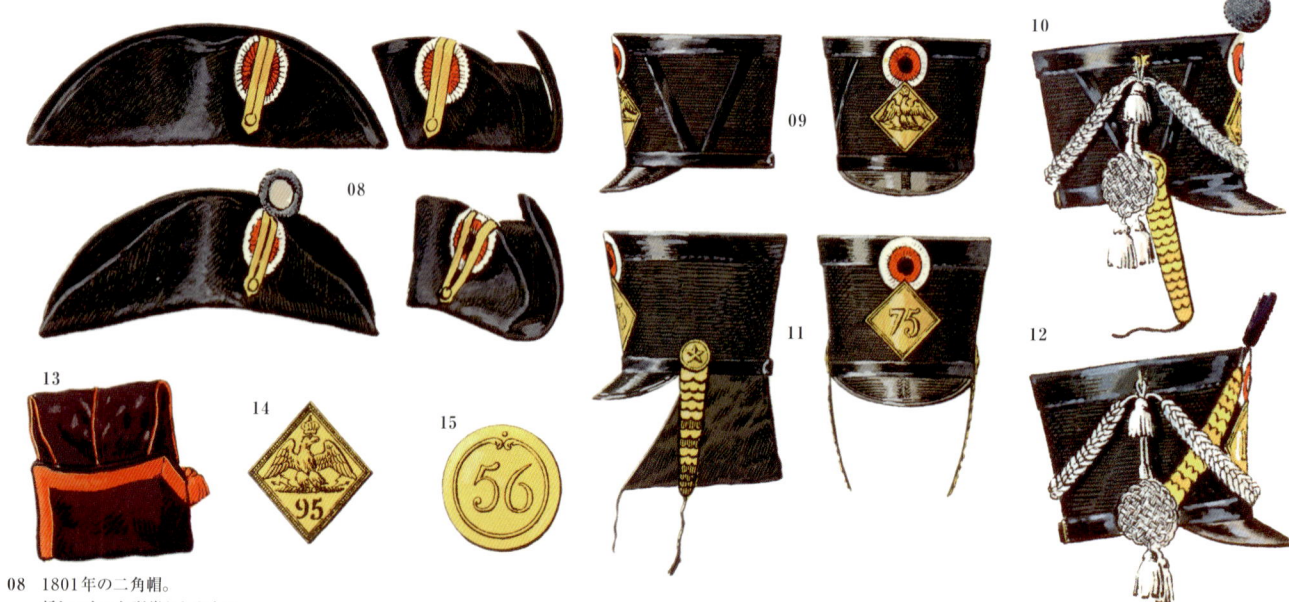

08 1801年の二角帽。
　　新しいものと型崩れしたもの
09 1806年型シャコー
10 同じく装飾付き
11 1810年型シャコー
12 同じく装飾付き
13 警察帽
14 シャコー帽章。1806年
15 制服のボタン
16 シャコー帽章。1806年
17 1810年型シャコー帽章
18 長方形台付きのシャコー帽章

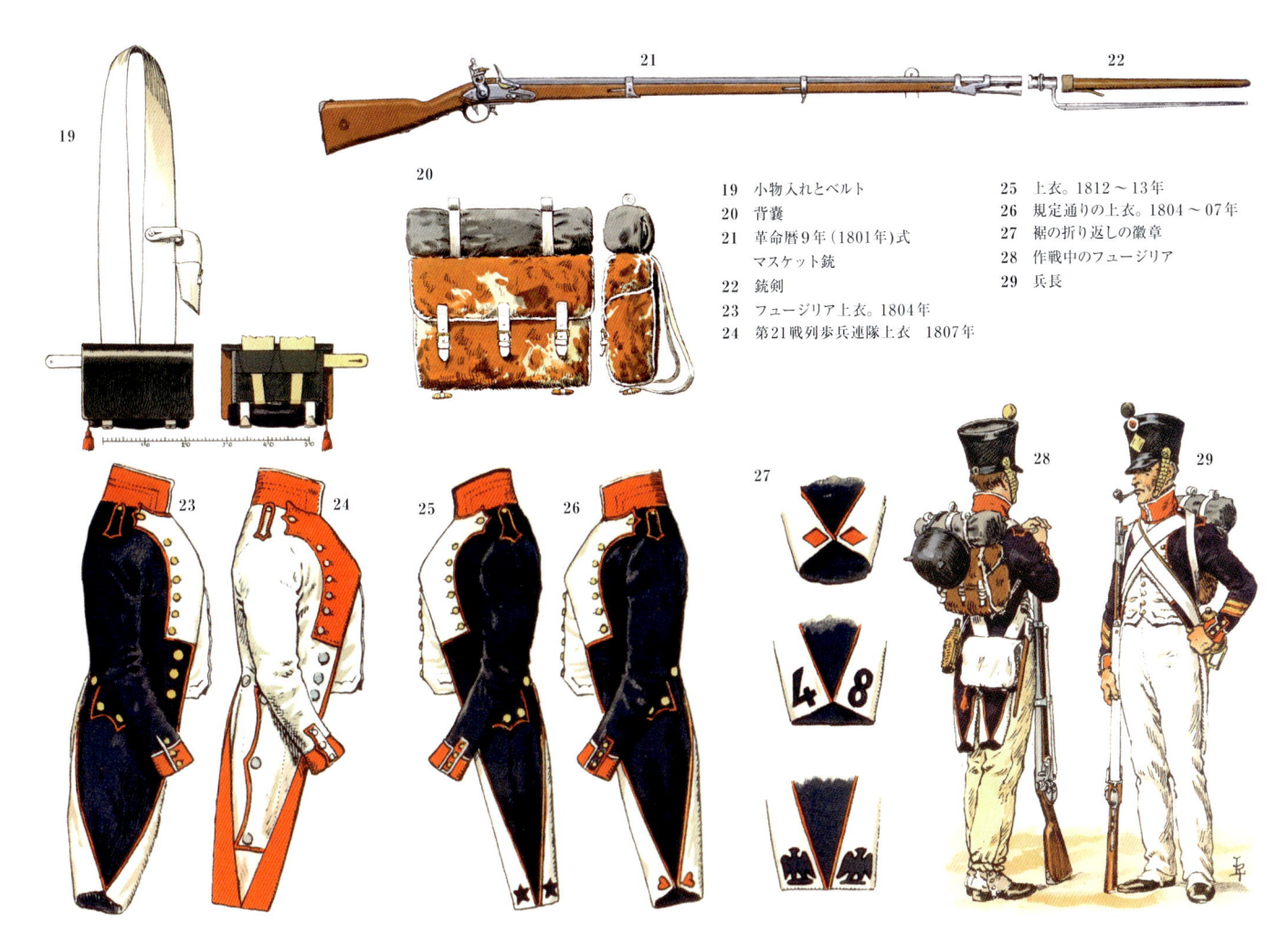

19	小物入れとベルト
20	背嚢
21	革命暦9年（1801年）式マスケット銃
22	銃剣
23	フュージリア上衣。1804年
24	第21戦列歩兵連隊上衣　1807年
25	上衣。1812～13年
26	規定通りの上衣。1804～07年
27	裾の折り返しの徽章
28	作戦中のフュージリア
29	兵長

025

01　選抜兵。規定通りの服装
02　フュージリア。1813～14年
03　擲弾兵。1813～14年
04　野戦服の選抜兵。1813～14年
05　フュージリア。ウエストコートと略帽姿
06　大外套姿のフュージリア

07 選抜兵シャコー
08 弾盒（だんごう）とベルト
09 フュージリアのシャコー。
うろこ状顎ヒモの突起と
ポンポンは横から見た図
10 擲弾兵の剣帯。
下士官や兵長が
用いたタイプ
11 擲弾兵シャコー
12 弾盒の装飾
13 弾盒の細部
14 背嚢。正面と
横から

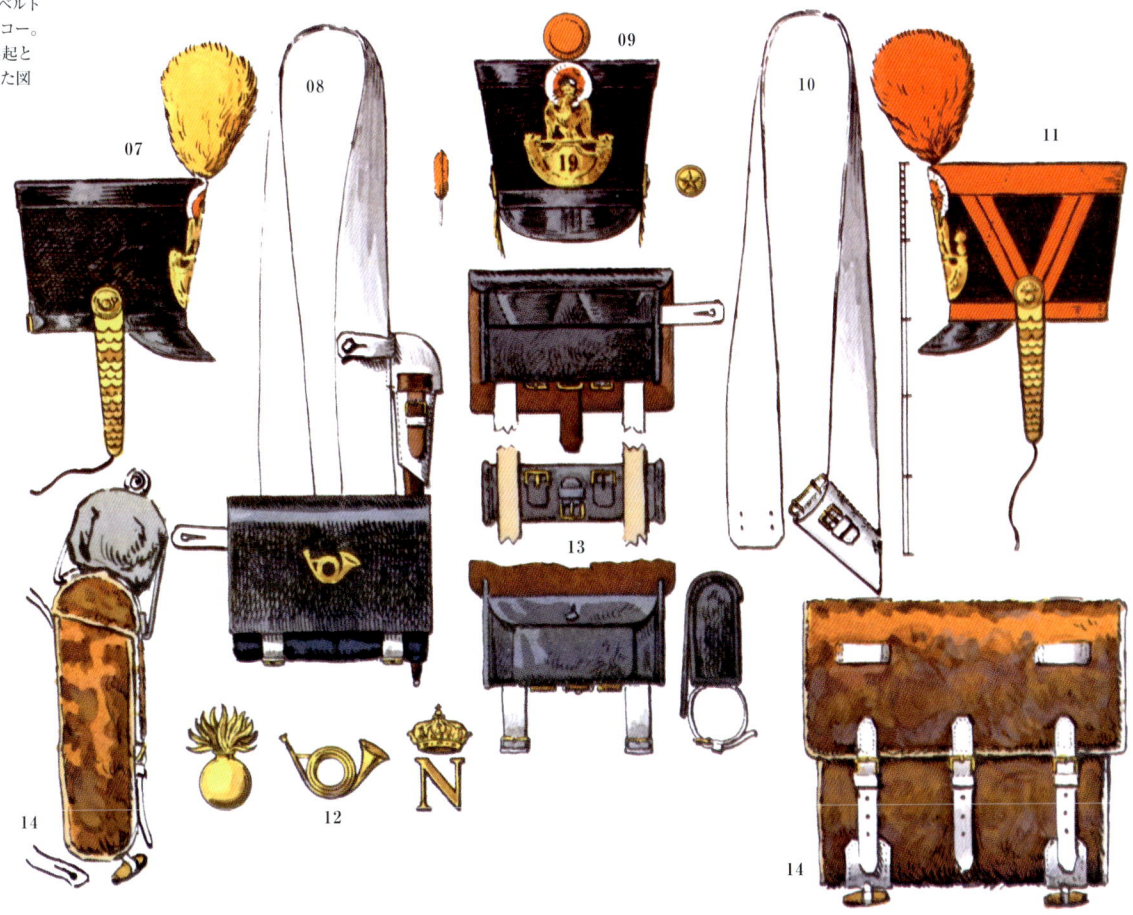

027

15 略帽の「ボカレム」帽
16 擲弾兵、フュージリア、選抜兵の肩章
17 フュージリア兵長の軍服の細部と、裾の折り返し部の徽章
18 作戦仕様のフュージリア。1813年
19 フュージリア。1813～14年
20 正装の擲弾兵。1813年8月
21 行軍仕様の擲弾兵
22 行軍仕様のフュージリア。1813～14年

028

01 勤務服の少佐。1804～06年
02 選抜兵将校の略装。1804～06年
03 勤務服の擲弾兵将校。1804～10年
04 作戦中の大外套を着た擲弾兵将校。1808年
05 略装の勤務服を着た選抜兵将校。1809年
06 勤務服の第22戦列歩兵連隊・擲弾兵将校。1807～08年
07 ケープ型クローク姿の将校。1809年

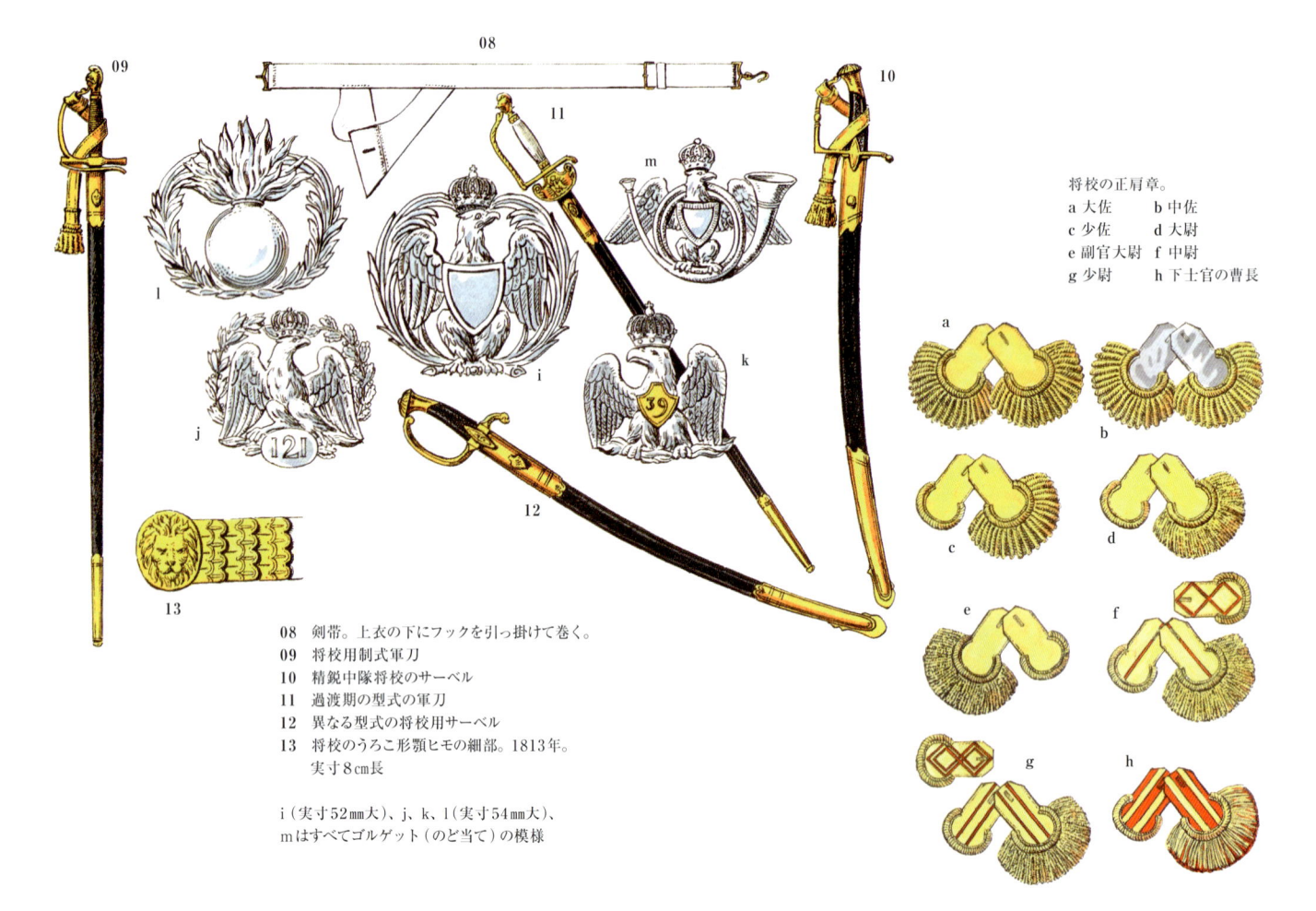

将校の正肩章。
a 大佐　　b 中佐
c 少佐　　d 大尉
e 副官大尉　f 中尉
g 少尉　　h 下士官の曹長

08 剣帯。上衣の下にフックを引っ掛けて巻く。
09 将校用制式軍刀
10 精鋭中隊将校のサーベル
11 過渡期の型式の軍刀
12 異なる型式の将校用サーベル
13 将校のうろこ形顎ヒモの細部。1813年。
　　実寸8cm長

i（実寸52mm大）、j、k、l（実寸54mm大）、
mはすべてゴルゲット（のど当て）の模様

14 社交用礼装の将校
15 大外套を着た朝の略装姿の将校
16 勤務服の中佐。1803～13年
17 勤務服の大佐。1809年
18 勤務服のフュージリア将校。
　 1813年
19 帝政末期の勤務服姿の
　 フュージリア将校

031

01 太鼓吊り。平らに置いた状態
02 太鼓とスティック
03 選抜兵のラッパ
04 工兵用斧のカバー

05 フュージリア鼓手。1805～06年
06 第95戦列歩兵連隊工兵。1806年
07 第18戦列歩兵連隊軍楽長。1805～06年
08 第8戦列歩兵連隊軍楽長。1807～08年
09 第63戦列歩兵連隊フュージリア鼓手。
　　1808～10年
10 第3戦列歩兵連隊軍楽兵。1807年

11 第30戦列歩兵連隊鼓手長。1809〜10年
12 第17戦列歩兵連隊擲弾兵鼓手。1808年
13 第96戦列歩兵連隊選抜兵鼓手。1809〜10年
14 第27戦列歩兵連隊擲弾兵鼓手。1809〜10年
15 第56戦列歩兵連隊選抜兵ラッパ卒。1808〜10年
16 第9戦列歩兵連隊軍楽兵。1808〜10年

17 第22戦列歩兵連隊工兵。
1807～08年
18 第57戦列歩兵連隊軍楽兵。
1809～10年
19 第4戦列歩兵連隊軍楽長。
1809～10年
20 第45戦列歩兵連隊軍楽長。
1807～08年
21 第42戦列歩兵連隊
フュージリア鼓手。
1809～10年
22 第3戦列歩兵連隊工兵。
1808～10年

01 行軍仕様の擲弾兵。1805〜07年	05 第24戦列歩兵連隊選抜兵。1807〜08年
02 正装の擲弾兵兵長	06 外出着の第95戦列歩兵連隊選抜兵。1805〜06年
03 第22戦列歩兵連隊擲弾兵。1807〜08年	07 野戦服の選抜兵。1808〜13年
04 正装の選抜兵	

08 革命暦13年（1805年）式
　　マスケット銃
09 革命暦10年（1802年）型の
　　擲弾兵用熊毛帽
10 第108戦列歩兵連隊の熊毛帽。
　　1813年ごろ
11 第8戦列歩兵連隊の熊毛帽。
　　1807～08年

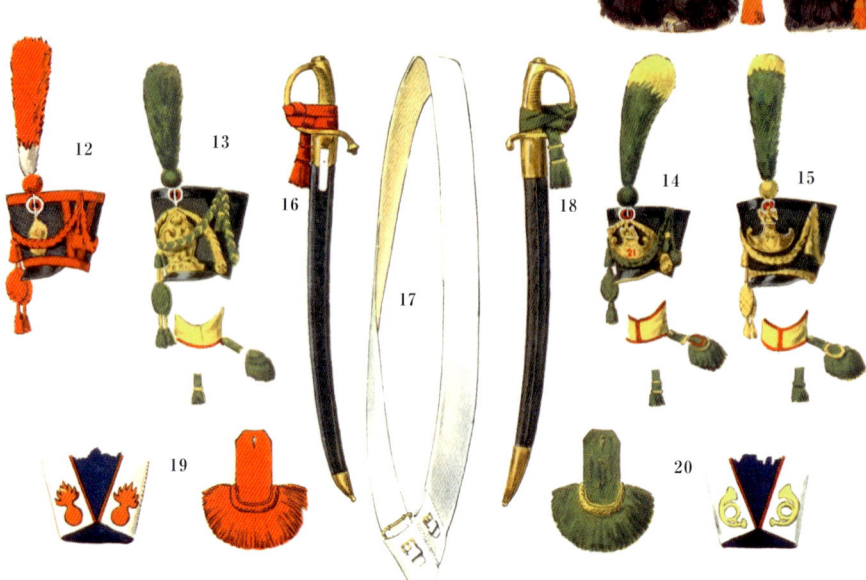

12 第63戦列歩兵連隊の
　　擲弾兵シャコー。1807～08年
13 第8戦列歩兵連隊の
　　選抜兵シャコー詳細図。
　　1807～08年
14 第21戦列歩兵連隊の
　　選抜兵シャコー詳細図。
　　1807～08年
15 第94戦列歩兵連隊の
　　選抜兵シャコー詳細図。
　　1807～08年
16 革命暦9年（1801年）型
　　ブリケット・サーベル（歩兵用サーベル）
17 革命暦10年（1802年）型剣帯
18 革命暦11年（1803年）型
　　ブリケット・サーベル
19 擲弾兵の正肩章と、
　　上衣の裾の折り返しの徽章
20 選抜兵の正肩章と、
　　上衣の裾の折り返しの徽章

21　野戦服の擲弾兵。1807年
22　第15戦列歩兵連隊擲弾兵。
　　1808〜09年
23　選抜兵伍長
24　兵営服の選抜兵
25　第96戦列歩兵連隊選抜兵。
　　1805〜08年
26　第13戦列歩兵連隊選抜兵。
　　1808〜09年

正規軍
騎兵 Regular Army Cavalry

　正規軍の騎兵には、ユサール（ハンガリー軽騎兵）、軽槍騎兵、竜騎兵（ドラグーン）、戦列猟騎兵、胸甲騎兵（キュイラッサー）、カラビニエール（騎兵銃兵）の兵種があった。騎兵将校の正肩章は原則として、銀色（中佐は本体だけ金色）となる。

　ユサールの制服は基本的にドルマン（肋骨式上衣）、プリス（左肩に引っ掛けるもう一枚の上衣）、タイトなハンガリー式の半ズボンに、タッセル付きのハンガリー式長靴で、サーベルとサーブルタッシュ（刀嚢）を下げた。初期には先が細い円筒のミルリトン（ウリ型）帽、1801年から軽騎兵用シャコーを被った。02年から各大隊に組織された精鋭中隊では、擲弾兵にあやかり黒い熊毛帽（コルバック）が使われ、赤いプリュメ（羽飾り）を付けた。

　将校のドルマンは、横一列に5個のボタンを配して組みヒモが飾られた。袖口とズボンの階級章は一定でなく、たとえば中佐を示す4本の線は、第1、2、4、5ユサール連隊ではボタンや組みヒモと同色、第3連隊では異なる色で、第2、4連隊では2色を交互に配した。熊毛帽は精鋭中隊将校、1808年頃からは連隊内の将校全員が着用した。大佐、中佐は白のプリュメ、少佐は、下が赤で上が白色もしくは全体が赤いプリュメを使用した。

　軽槍騎兵は1811年6月に設けられた新しい兵種で、竜騎兵やポーランド槍騎兵から転換された部隊が多かった。基本的な服装は緑色で裾丈が短く、立ち襟、折り襟と袖口には部隊ごとの配色が施され、裾の折り返しには布製の帝国鷲章があった。竜騎兵用の兜を被り、精鋭中隊では熊毛帽を着用した。各大隊の中央中隊は先端の三角部をボタン留めする肩章、精鋭中隊は正肩章を用いた。槍を携えるのに不適なクロークは着ず、大外套を着用した。

　竜騎兵はゴルゴン（ギリシャ神話の怪物）の顔を彫り込み、馬毛付きの兜を被った。上衣は緑色で、折り襟、ポケットのパイピング、肩章は連隊色、裾の折り返しには緑色、将校には銀色の擲弾徽章があった。6連隊ごとに同じ色を使い、うち3部隊は水平ポケット、残る3部隊は縦型ポケットで区別された。一部で肩章を白い正肩章に置き換えた。

　戦列猟騎兵は正装ではユサールと同じ形式の肋骨式ドルマン、それ以外では折り襟の上衣を着た。緑色の上衣に、3連隊ずつ同系色の連隊色を用いた。たとえば猟騎兵第1～第3連隊の連隊色は真紅だが、第1連隊は立ち襟と袖口、第2連隊は袖口だけ、第3連隊は立ち襟だけに真紅を配して区別した。ハンガリー式半ズボンは緑色で白い側線入りだった。

　胸甲騎兵の兜は、竜騎兵の影響を受けたが背がより高かった。胸甲は18世紀のものを参考に1802年に制定された。制服は暗青色で、肩章の縁取り、裾の擲弾徽章、裏地と折り返しが連隊色だった。6連隊ごとに同色で、たとえば第1～第6連隊は真紅だが、第1～3連隊は水平ポケット、4～6連隊は縦型ポケットである。第1、4連隊は立ち襟、袖口と袖パッチ、第2、5連隊は袖口のみ、第3、6連隊は立ち襟と袖パッチに連隊色を用いた。

　カラビニエールは2個連隊が存在した。1804年の規定では青い制服で、立ち襟の縁取りは赤、赤い袖口の縁取りは青、折り襟は赤く、裾の折り返しに青い擲弾徽章（将校は銀色）だった。青地に赤い縁取りの袖パッチが第1連隊、赤地に青縁取りは第2連隊だった。熊毛帽を被り、豚の尾のようなお下げ髪に帽子のヒモを引っかけていたが、1809年にお下げ髪は廃止され、顎ヒモが導入された。ナポレオンは胸甲騎兵とは異なる新型の兜と胸甲を着用するように命じ、1811年から新制服が制定された。新制服は白色で、襟や折り返しは空色、正肩章は赤色、白地に青縁の袖パッチが第1連隊、逆の配色が第2連隊だった。

ユサール	軽槍騎兵	竜騎兵
ユサール（ハンガリー軽騎兵） *Hussars* P.040-057	軽槍騎兵 *Light Horse Lancers* P.058-063	竜騎兵 *Dragoons* P.064-079

戦列猟騎兵	胸甲騎兵	カラビニエール
戦列猟騎兵 *Chasseurs of the Line* P.080-088	胸甲騎兵 *Cuirassiers* P.089-102	カラビニエール（騎兵銃兵） *Carabiniers* P.103-111

Regular Army
Hussars

ユサール（ハンガリー軽騎兵）

01　クローク姿のユサール
02　ユサール
　　（ハンガリー軽騎兵）。
　　ザクセン第4軽騎兵連隊。
　　1790年ごろ
03　ユサール。
　　第11ユサール連隊。
　　1795年ごろ
04　ユサール。
　　第4ユサール連隊。
　　1800年ごろ
05　ユサール。
　　第2ユサール連隊。
　　1801〜03年
06　ユサール。
　　第1ユサール連隊。
　　1798年ごろ

07　ハンガリー式鞍の木枠
08　シャブラーク（鞍覆い）を被せた鞍
09　ユサールの1786年式カービン銃
10　ユサール用のミルリトン帽。
　　略装時におけるペナント（小旗）部の巻き方を示している。1790年ごろ
11　ユサール帽。1795年ごろ
12　規定通りのシャコー。1802年
13　弾盒とベルト、カービン（騎兵銃）用スリング（吊り革）
14　ベルト、サーベル、サーブルタッシュ（刀嚢）
15、16　腰紐の締め方

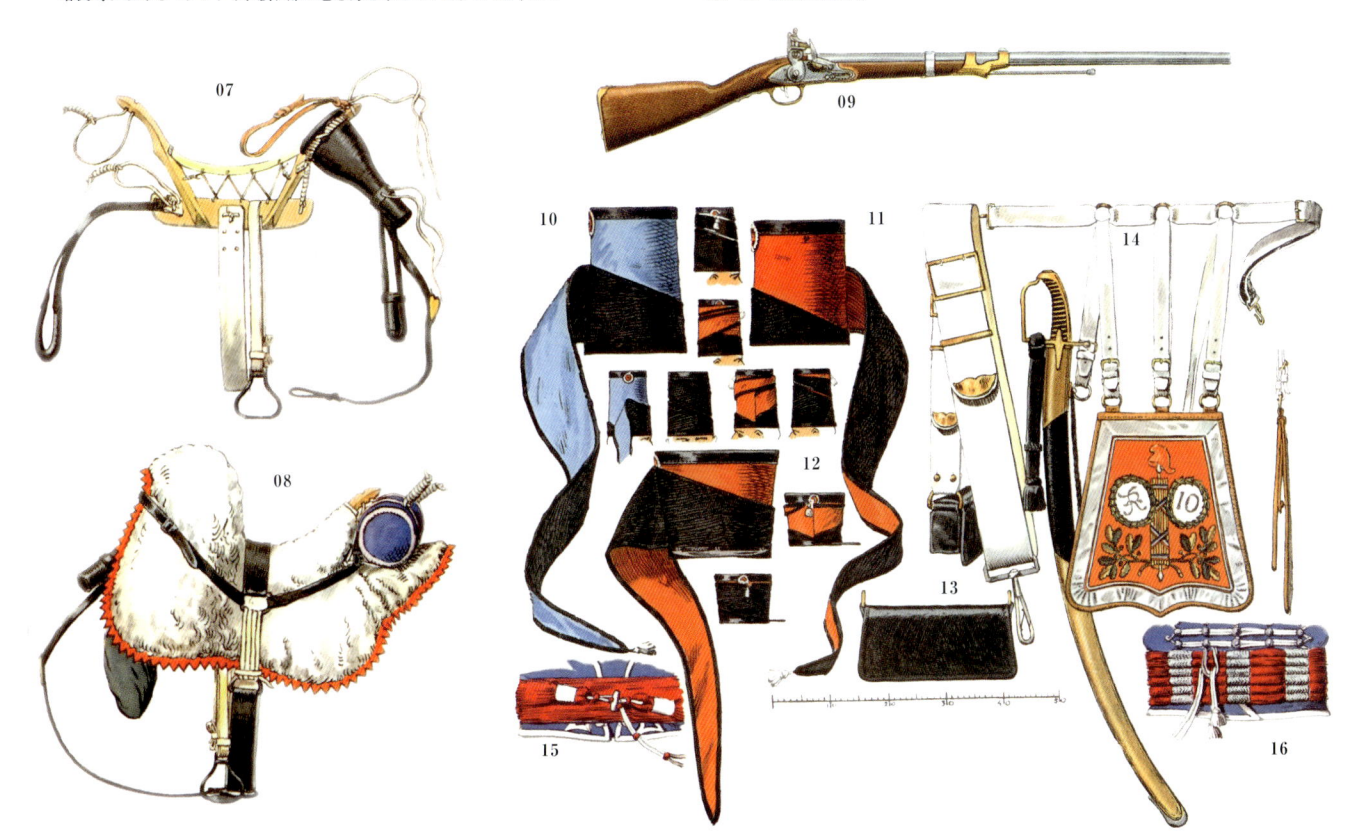

17　ユサール（ハンガリー軽騎兵）。
　　エステルハージ第3ユサール連隊。1790年ごろ
18　ユサール。第10ユサール連隊。1794年ごろ

19　ユサール。第7ユサール連隊。1800年ごろ
20　ユサール。第5ユサール連隊。1802年

01　ドルマン（肋骨式上衣）仕様の夏服。第5ユサール連隊。1807年
02　訓練着
03　正装。第4ユサール連隊の選抜兵。1811～12年
04　作戦中の冬服。第7ユサール連隊
05　ドルマン仕様の夏服。第10ユサール連隊。1806年
06　クローク姿のユサール

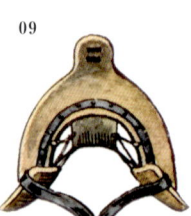

07 鞍を前から見た図
08 鞍を上から見た図
09 鞍を後ろから見た図
10 シャコー。1805～07年
11 シャコー。1807～12年
12 精鋭兵の熊毛帽(コルバック)
13 規定通りのシャコー。1810年
14～16 ハンガリー式半ズボンの組みヒモ飾り
17 ドルマン(肋骨式上衣)の側面と細部。
   第7、第8ユサール連隊
18 プリス(左肩に掛ける上衣)の側面と細部。
   第4、第5ユサール連隊

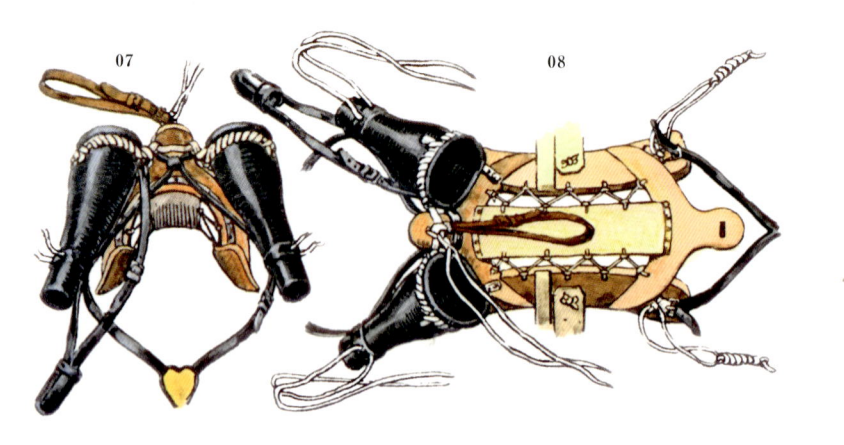

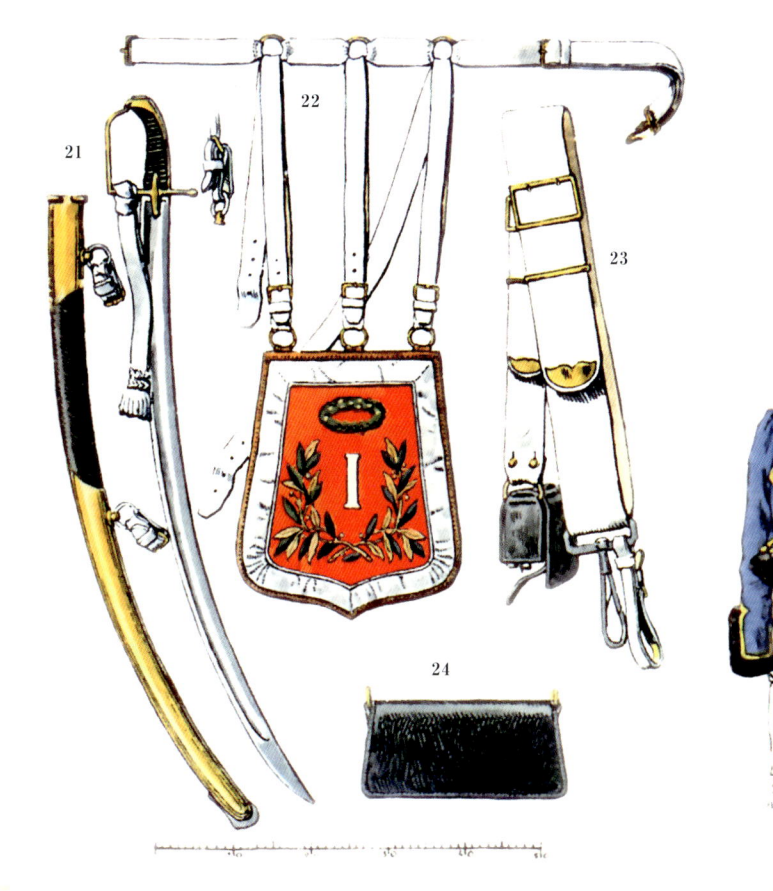

19 正装。第1ユサール連隊。1807〜08年
20 正装。第9ユサール連隊。1807年
21 サーベル
22 ベルト、サーブルタッシュ（刀嚢）
23 弾盒とスリング、マスケット銃用スリング（吊り革）
24 弾盒を前から見た図

01　ユサール（ハンガリー軽騎兵）。第4ユサール連隊の精鋭兵。
　　規定通りの服装。1812年
02　ケープ付き大外套姿のユサール。規定通りの服装。1812年
03　行軍仕様、ドルマン姿の第9ユサール連隊兵士。
　　規定通りの服装。1812年

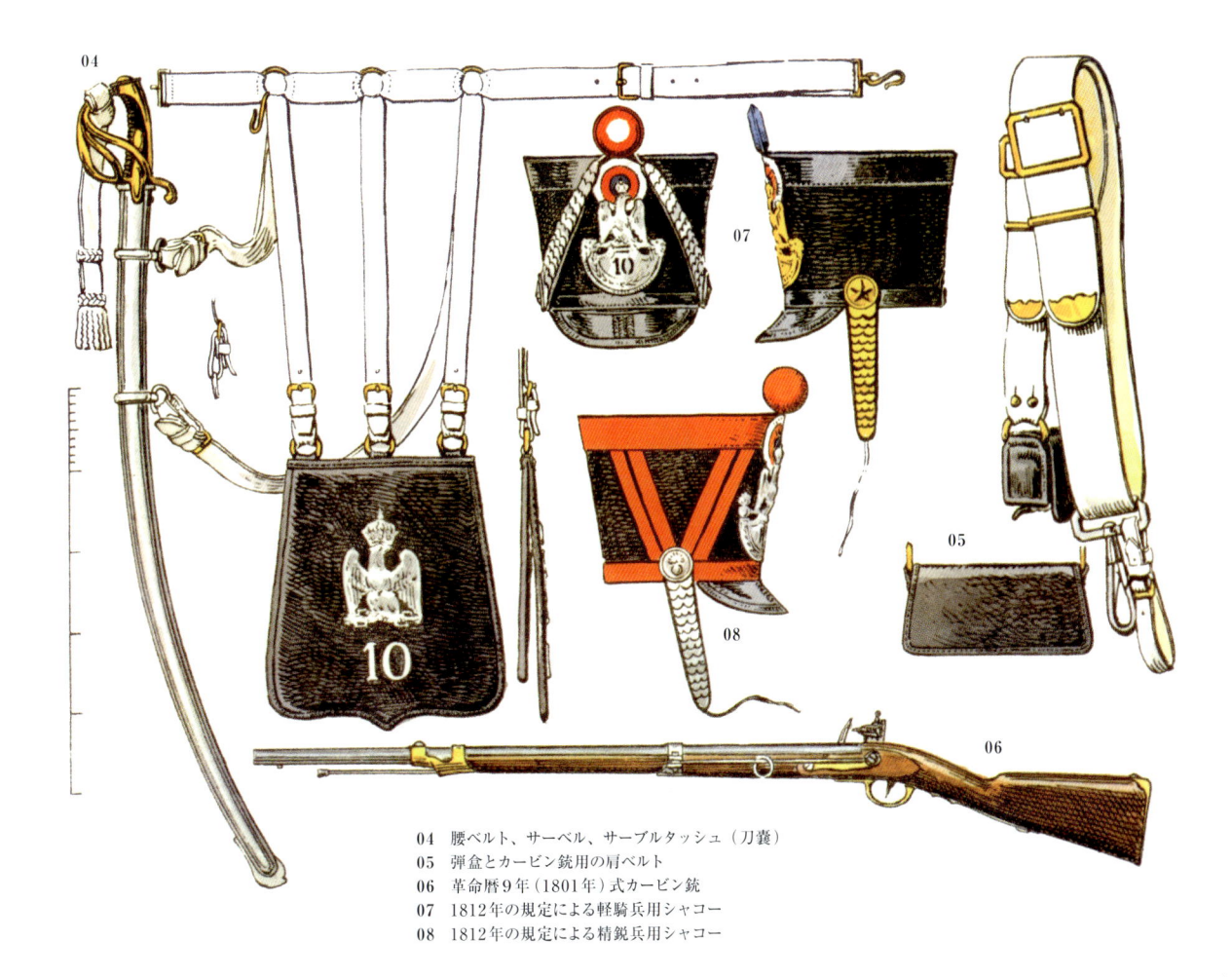

04　腰ベルト、サーベル、サーブルタッシュ（刀嚢）
05　弾盒とカービン銃用の肩ベルト
06　革命暦9年（1801年）式カービン銃
07　1812年の規定による軽騎兵用シャコー
08　1812年の規定による精鋭兵用シャコー

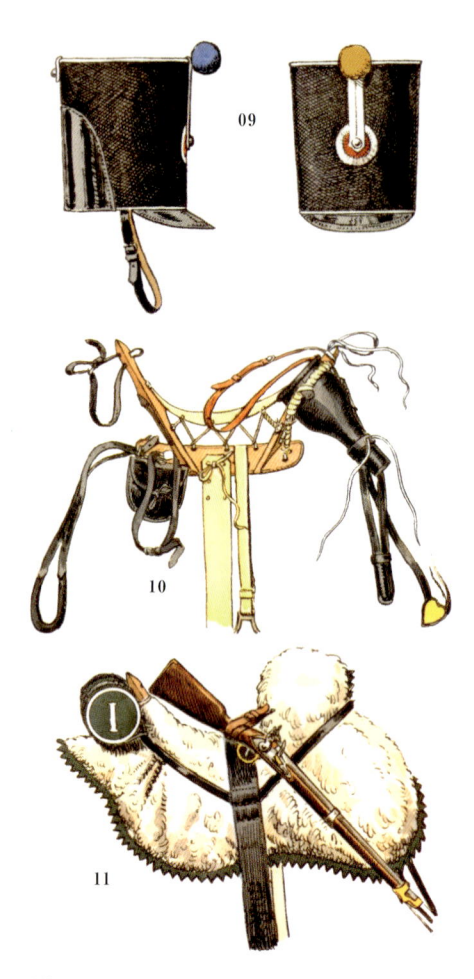

09 円筒形のシャコー。1813〜14年
10 ハンガリー式の鞍
11 規定通りのシャブラーク（鞍覆い）を被せた鞍。1812年
12 ユサール。第1ユサール連隊。1814年
13 ユサール。第5ユサール連隊。1813〜14年
14 ユサール。第8ユサール連隊。1812〜14年

01 中尉。第1ユサール連隊。
　　1805～07年
02 勤務中の将校。第7ユサール連隊。
　　1807年
03 勤務中の将校。第5ユサール連隊。
　　1810～12年
04 正装の大尉。第3ユサール連隊。
　　1809～13年

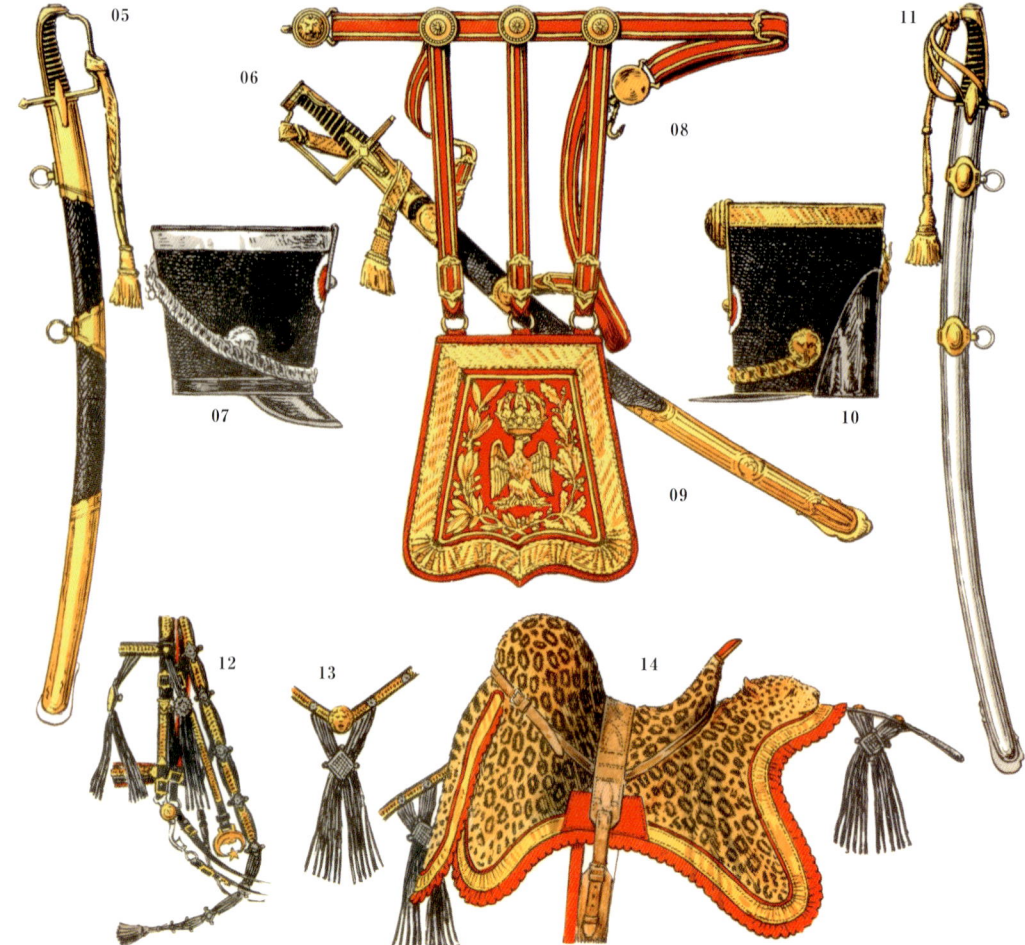

05 ユサール用サーベル
06 ドイツ式サーベル
07 軽騎兵将校用シャコー。
　 1810〜12年
08, 09 腰ベルトとサーブル
　　　 タッシュ（刀嚢）
10 円筒形のシャコー。
　 1813〜14年
11 軽騎兵将校の
　 革命暦11年（1803年）式
　 サーベル
12 編み革の飾りやストラップが
　 付いた轡（くつわ）
13 むながい
14 ヒョウ革のシャブラーク
　 （鞍覆い）

15 フロックコート姿のユサール将校。
   第2ユサール連隊。
   1804〜05年
16 温暖期用の南京綿Nankeenの
   服を着た第2ユサール連隊の
   将校
17 外出着のユサール将校。
   第5ユサール連隊
18 社交用制服姿のユサール将校。
   第8ユサール連隊
19 勤務服のユサール将校。
   第6ユサール連隊。1814年

第1ユサール連隊。1807年　　　　　　　第2ユサール連隊。1808年

第1ユサール連隊。1807年　　第3ユサール連隊。1808年 　　第4ユサール連隊。1808年

第5ユサール連隊。1808年　　　　第6ユサール連隊。1807年

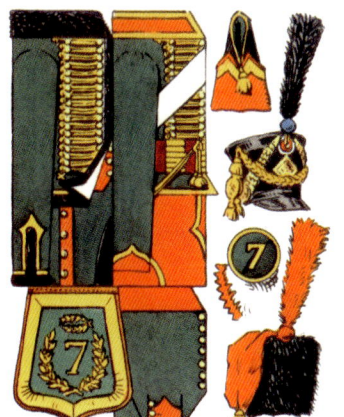

第7ユサール連隊。1808年 　　　　第8ユサール連隊。1809年 　　　　第6ユサール連隊。1807年

第9ユサール連隊。1808年　　第10ユサール連隊。1808年

兵長　　　　　　　　主計長

軍曹　　主計兵長　　曹長

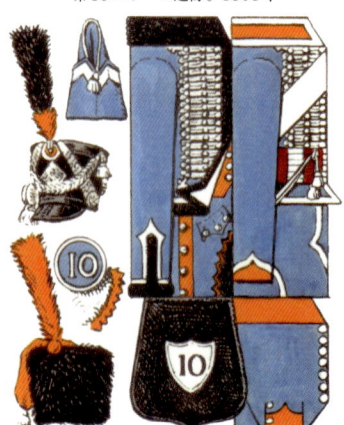

第11ユサール連隊。1810年 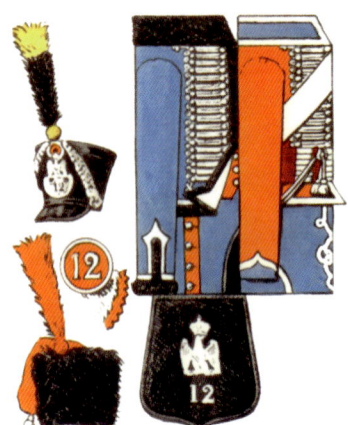　　第12ユサール連隊。1813年

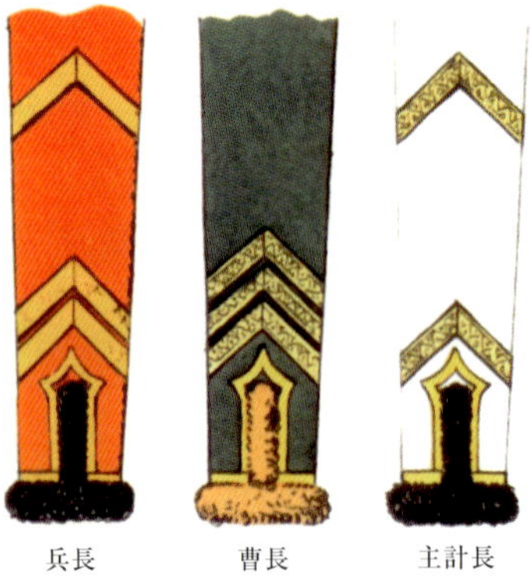

兵長　　　曹長　　　主計長

01 ユサール（ハンガリー軽騎兵）。1799年
02 将校。1792年ごろ
03 将校。1810年ごろ
04 ラッパ長。1810年ごろ。
　　スペイン方面作戦で

05 騎兵少佐。1799～1803年
06 大尉。1809年ごろ
07 騎兵中隊員のサーブルタッシュ（刀嚢）。
　　1807～10年
08 騎兵中隊員のサーブルタッシュ。
　　1810～12年

055

09　ユサール（ハンガリー軽騎兵）。1792年ごろ
10　ユサール。1790〜1792年
11　ラッパ卒。1804〜05年
12　精鋭中隊員。1805年
13　ユサール。1806〜07年
14　ラッパ卒。1807年ごろ

15 ラッパ卒。1807〜08年ごろ
16 少尉。1805〜07年
17 将校。1812年
18 精鋭中隊員。1813年
19 ユサール（1813〜14年）
20 兵長。1813年
21 ムッシュ・ユサール連隊
　　（第5ユサール連隊から改名）の兵士。
　　1814〜15年

Regular Army
Light Horse Lancers
軽槍騎兵

01 第3軽槍騎兵連隊の
　　カラビニエール（騎兵銃兵）
02 軽槍騎兵。
　　第6軽槍騎兵連隊の
　　精鋭中隊員
03 第4軽槍騎兵連隊の下士官
04 第2軽槍騎兵連隊の
　　精鋭中隊ラッパ卒
05 第5軽槍騎兵連隊の槍騎兵
06 第1軽槍騎兵連隊の将校

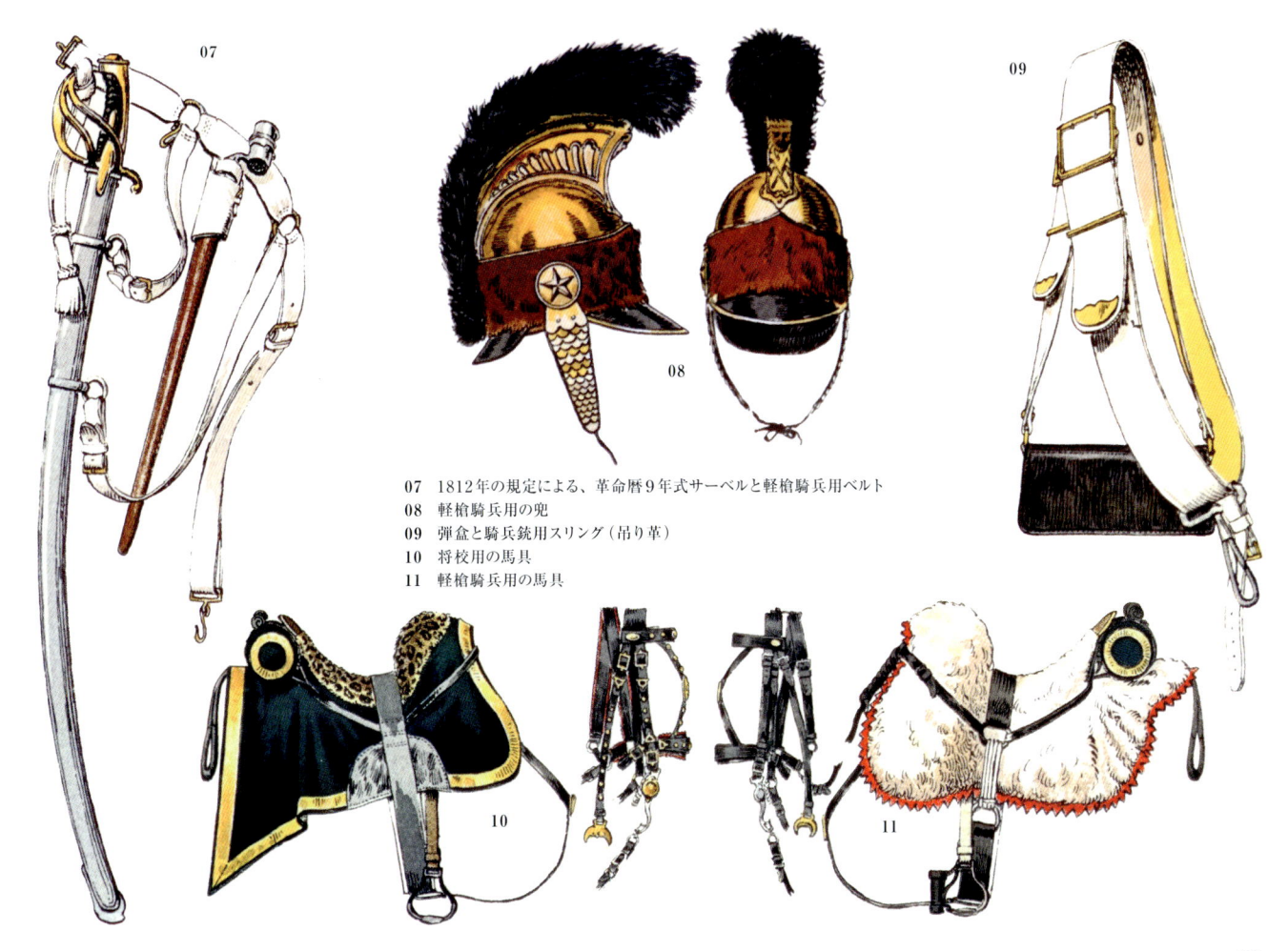

07　1812年の規定による、革命暦9年式サーベルと軽槍騎兵用ベルト
08　軽槍騎兵用の兜
09　弾盒と騎兵銃用スリング（吊り革）
10　将校用の馬具
11　軽槍騎兵用の馬具

12 第5軽槍騎兵連隊の将校。1813年
13 第4軽槍騎兵連隊の将校。1811～12年
14 第5軽槍騎兵連隊（ナポレオン退位後の王政期のアングレーム軽騎兵連隊）のラッパ卒。1815年
15 第6軽槍騎兵連隊のラッパ卒。1813～14年
16 将校用の兜
17 第1軽槍騎兵連隊の上衣。1812年の規定通り
18 槍の穂先、石突き、小旗

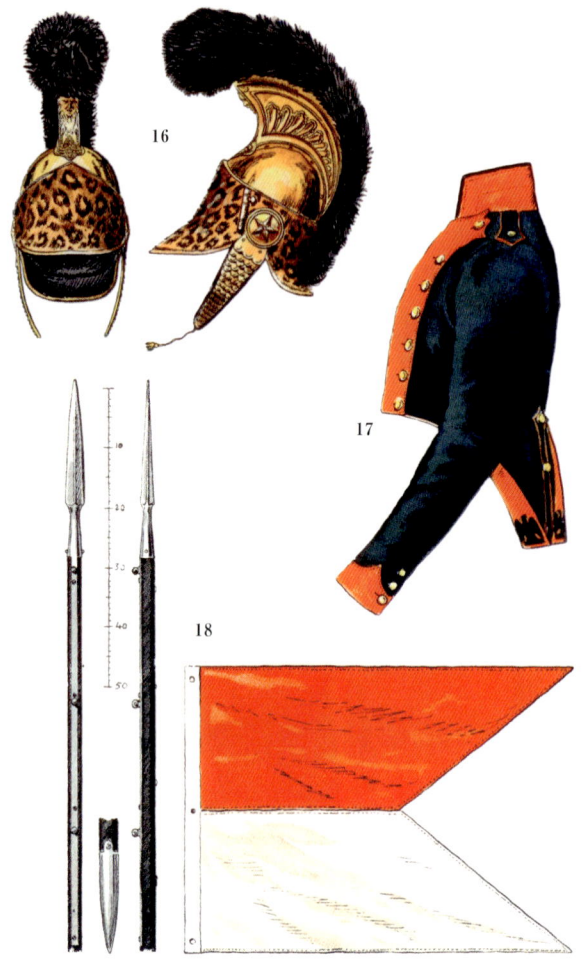

01　第2軽槍騎兵連隊の精鋭中隊員
02　略装上衣姿の将校
03　第6軽槍騎兵連隊中佐
04　マントーを着た騎兵
05　大外套と勤務服を着た
　　 第6軽槍騎兵連隊将校

06 第1軽槍騎兵連隊ラッパ卒。
　 1815年
07 第3軽槍騎兵連隊ラッパ卒。
　 1812年
08 第4軽槍騎兵連隊ラッパ卒。
　 1812年
09 第5軽槍騎兵連隊精鋭中隊の
　 ラッパ卒。1812年
10 将校用ベルトの
　 「ヘラクラスの顔」形打ち出し飾り
11 第1軽槍騎兵連隊将校用の
　 ポカレム帽
12 将校馬具のはみの打ち出し飾り
13 ボタン

14 第6軽槍騎兵連隊のラッパ卒。
　　過渡期の服装。1811年
15 第6軽槍騎兵連隊のラッパ卒。
　　1814～15年
16 第4軽槍騎兵連隊将校。1812～13年
17 ナポレオン退位後の王立連隊の
　　軽槍騎兵伍長。1814～15年

18 軽槍騎兵用の鞍
19 将校用の兜のとさかを前から見た図
20 下士官用の兜。1813～15年

Regular Army
Dragoons
竜騎兵

01　第19竜騎兵連隊の竜騎兵。
　　1808年
02　第25竜騎兵連隊の竜騎兵。
　　規定通りの服装。1812年
03　クローク姿の竜騎兵。
　　1805〜13年
04　第10竜騎兵連隊の竜騎兵。
　　1809年
05　略装上衣（シュルトゥ）を着た
　　第4竜騎兵連隊の竜騎兵。
　　1805年

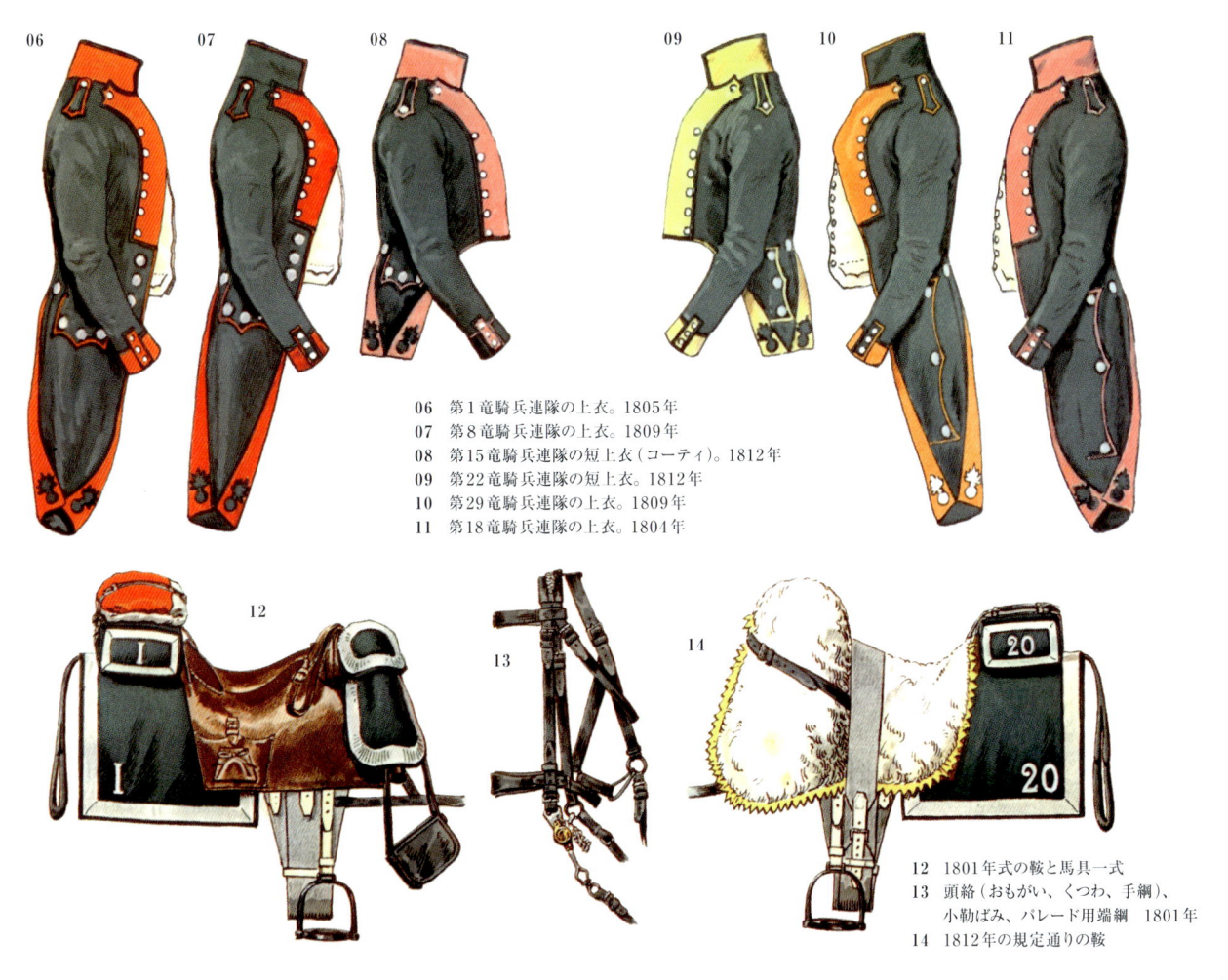

06 第1竜騎兵連隊の上衣。1805年
07 第8竜騎兵連隊の上衣。1809年
08 第15竜騎兵連隊の短上衣(コーティ)。1812年
09 第22竜騎兵連隊の短上衣。1812年
10 第29竜騎兵連隊の上衣。1809年
11 第18竜騎兵連隊の上衣。1804年

12 1801年式の鞍と馬具一式
13 頭絡(おもがい、くつわ、手綱)、
　 小勒ばみ、パレード用端綱　1801年
14 1812年の規定通りの鞍

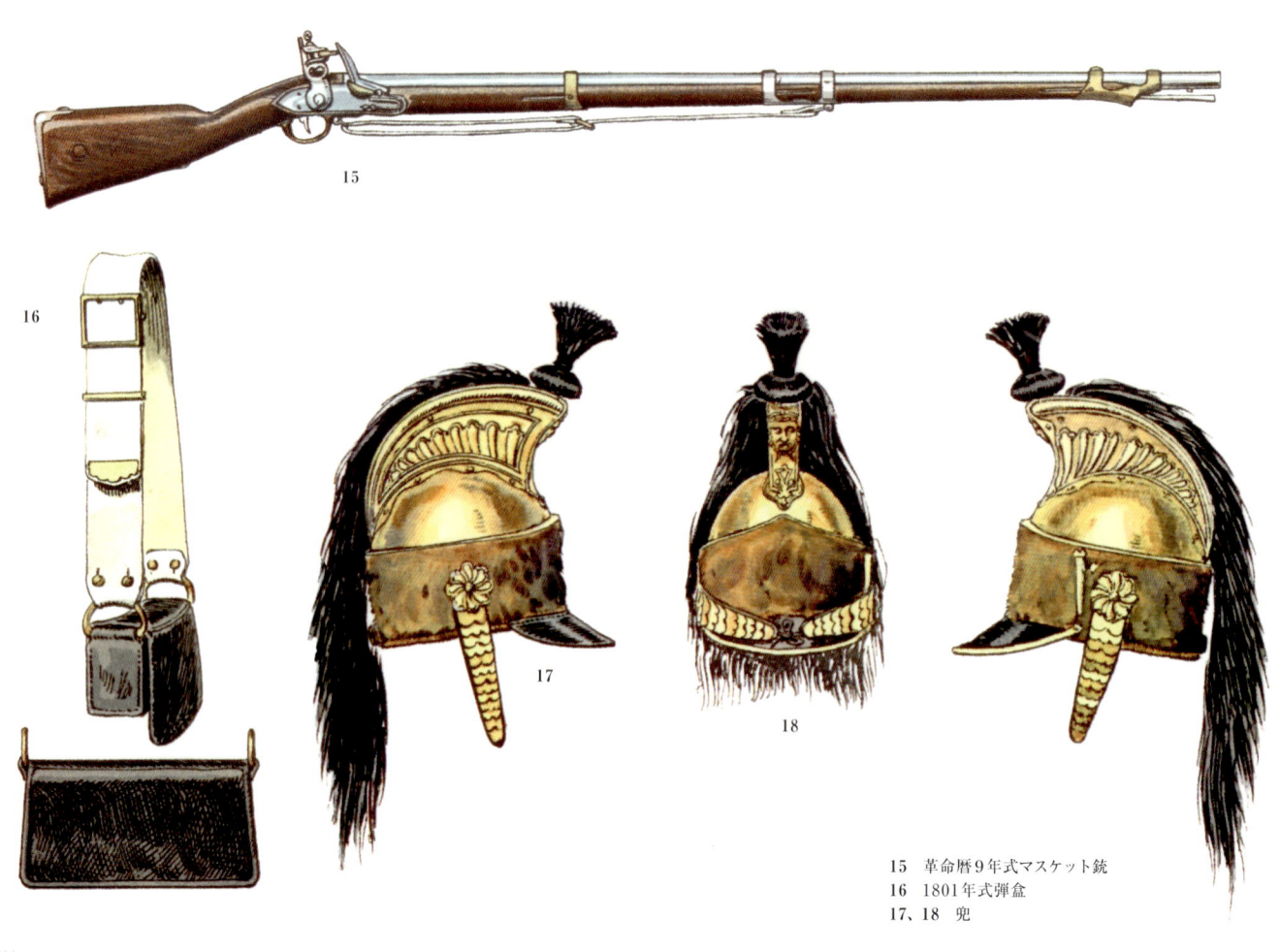

15 革命暦9年式マスケット銃
16 1801年式弾盒
17、18 兜

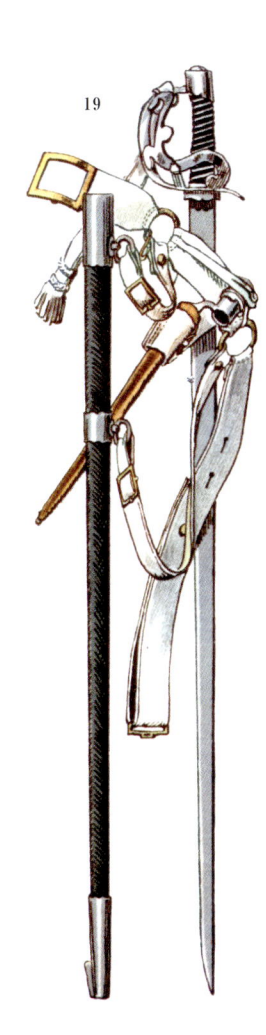

19 1801年式ベルトと革命暦4年式サーベル
20 1812年の規定通りのベルトと革命暦13年（1805年）式サーベル
21 訓練着の竜騎兵
22 第6竜騎兵連隊の下馬時の竜騎兵
23 袖付きクローク姿の竜騎兵。1813～15年
24 作戦中の竜騎兵。第13竜騎兵連隊
25 略装上衣を着た第14竜騎兵連隊の装蹄兵（そうていへい：馬の蹄鉄を管理する兵士）。1812年

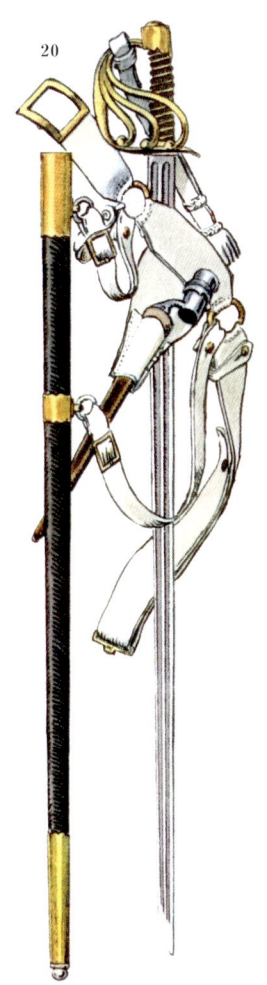

01 工兵。第1竜騎兵連隊。
   1807年
02 略装上衣を着た第2竜騎兵
   連隊精鋭中隊のラッパ卒。
   1809年ごろ
03 第29竜騎兵連隊のラッパ卒。
   1809〜10年
04 第17竜騎兵連隊のラッパ卒。
   1807〜08年
05 第9竜騎兵連隊のラッパ卒。
   1806〜07年

06 第17竜騎兵連隊のラッパ卒。1809年
07 第12竜騎兵連隊のラッパ卒。1806〜07年
08 第27竜騎兵連隊のラッパ卒。1809〜11年
09 第19竜騎兵連隊のラッパ卒。1806〜07年
10 第7竜騎兵連隊の工兵
11 第13竜騎兵連隊の工兵。1810〜1812年
12 騎兵ラッパ。1812年
13 ラッパの旗

14　第4竜騎兵連隊精鋭中隊のラッパ卒。1813～14年
15　第22竜騎兵連隊のラッパ卒。1812年の規定通り
16，17　第30竜騎兵連隊の工兵。1809～1810年

01 第2竜騎兵連隊の下級将校。
 1813～14年
02 第17竜騎兵連隊大佐。
 1809年
03 第7竜騎兵連隊精鋭中隊の
 将校。1807年
04 第24竜騎兵連隊少佐。
 1806～07年

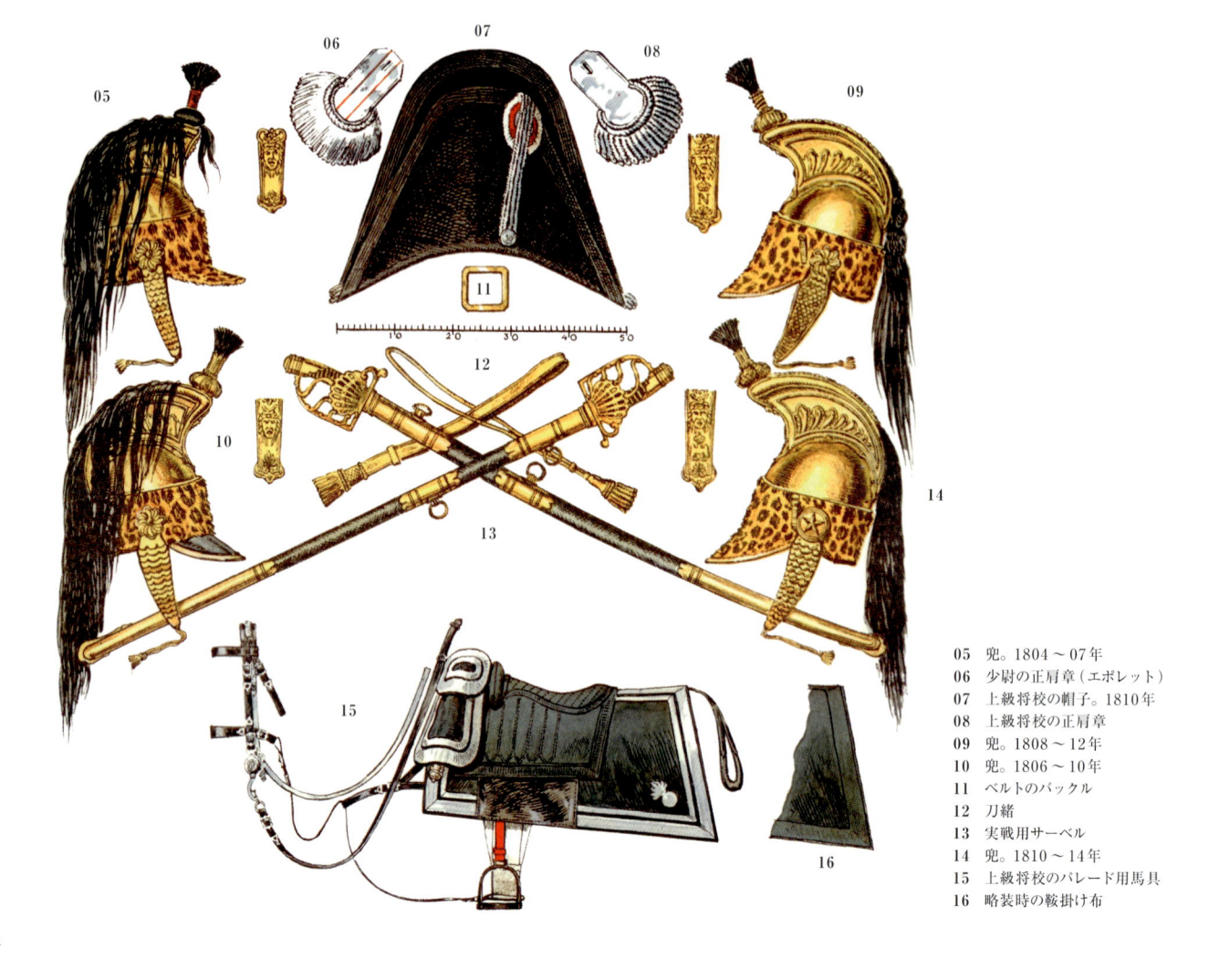

05 兜。1804〜07年
06 少尉の正肩章（エポレット）
07 上級将校の帽子。1810年
08 上級将校の正肩章
09 兜。1808〜12年
10 兜。1806〜10年
11 ベルトのバックル
12 刀緒
13 実戦用サーベル
14 兜。1810〜14年
15 上級将校のパレード用馬具
16 略装時の鞍掛け布

17	フロックコート姿の中尉
18	第28竜騎兵連隊精鋭中隊の将校。1810〜12年
19	野戦服の第3竜騎兵連隊将校。1806〜07年
20	クローク姿の将校
21	勤務服の第5竜騎兵連隊将校。1810年
22	外出着の第14竜騎兵連隊将校。1808年

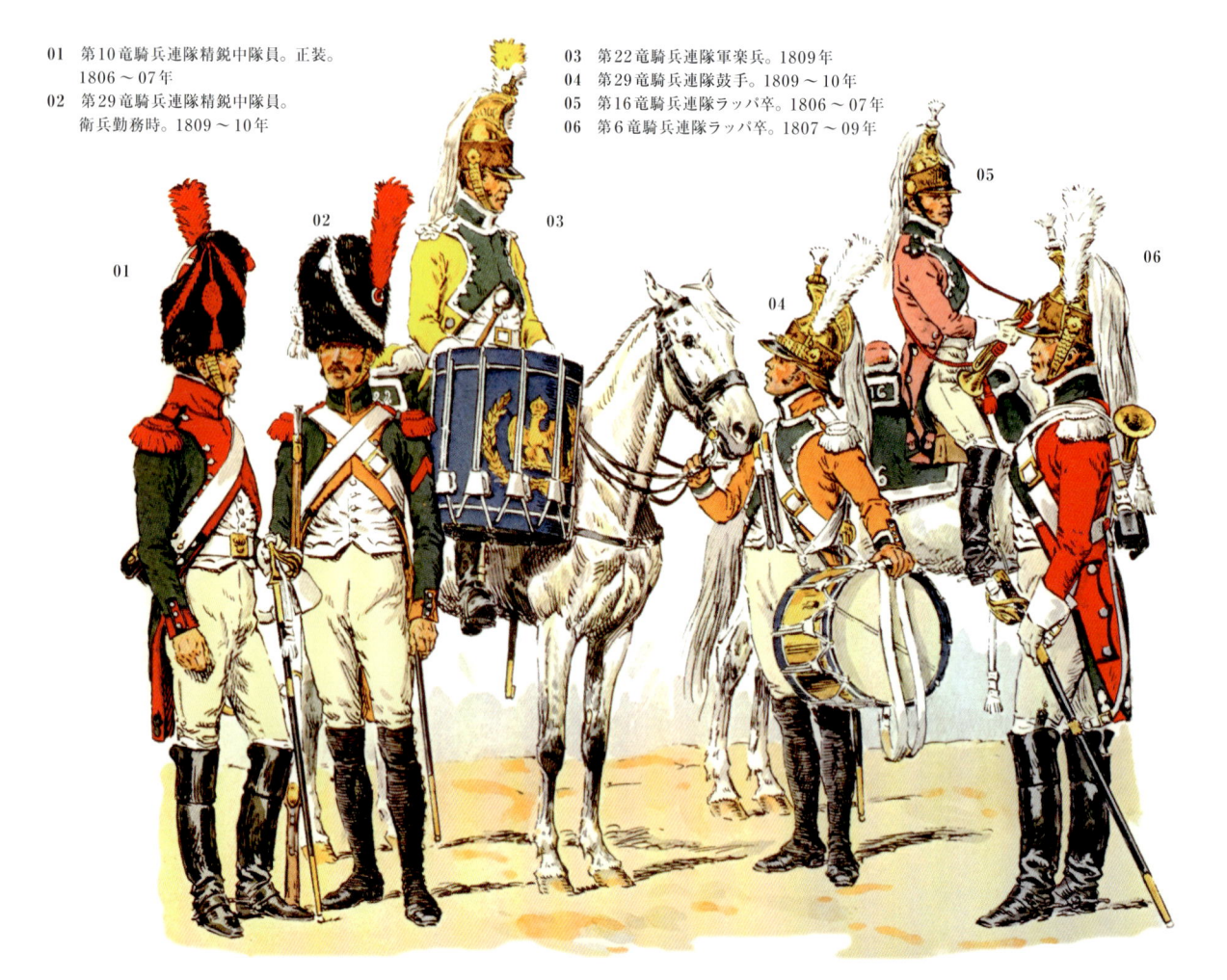

01 第10竜騎兵連隊精鋭中隊員。正装。
1806〜07年
02 第29竜騎兵連隊精鋭中隊員。
衛兵勤務時。1809〜10年
03 第22竜騎兵連隊軍楽兵。1809年
04 第29竜騎兵連隊鼓手。1809〜10年
05 第16竜騎兵連隊ラッパ卒。1806〜07年
06 第6竜騎兵連隊ラッパ卒。1807〜09年

第5竜騎兵連隊精鋭中隊員　第19竜騎兵連隊精鋭中隊員　第9竜騎兵連隊工兵　第14竜騎兵連隊工兵　第1竜騎兵連隊精鋭中隊員　第1竜騎兵連隊
1809年　1806年　1808〜09年　1810年　1809〜10年　1808〜09年

第3竜騎兵連隊　第4竜騎兵連隊　第7竜騎兵連隊精鋭中隊員　第7竜騎兵連隊　第10竜騎兵連隊　第11竜騎兵連隊のラッパ長
1809年　1806年　1808年　1808年　1806〜07年　1809〜10年

第11竜騎兵連隊
1809〜10年

第13竜騎兵連隊
1807年

第13竜騎兵連隊
1810年

第15竜騎兵連隊
1803〜06年

01　第9竜騎兵連隊ラッパ卒
02　第4竜騎兵連隊軍楽兵
03　第28竜騎兵連隊ラッパ卒

04 第19竜騎兵連隊
　精鋭中隊員。1809年
05 第26竜騎兵連隊
　精鋭中隊員。1812年
06 第28竜騎兵連隊
　精鋭中隊員。1807年
07 第30竜騎兵連隊

08 第16竜騎兵連隊
　精鋭中隊員。1807年
09 第16竜騎兵連隊。
　1807年
10 第16竜騎兵連隊
　精鋭中隊員。1813年
11 第18竜騎兵連隊。
　1810年

12　第19竜騎兵連隊軍楽兵。
　　1808年
13　第21竜騎兵連隊
　　精鋭中隊員。1810年
14　第21竜騎兵連隊
　　精鋭中隊員。1810年
15　第22竜騎兵連隊。
　　1810年

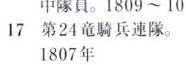

16　第23竜騎兵連隊精鋭
　　中隊員。1809～10年
17　第24竜騎兵連隊。
　　1807年
18　第24竜騎兵連隊。
　　1813年
19　第28竜騎兵連隊。
　　1809年

079

Regular Army
Chasseurs of the Line
戦列猟騎兵

01　第4戦列猟騎兵連隊。
　　1812年の規定通り
02　第1戦列猟騎兵連隊。
　　1804〜05年
03　第26戦列猟騎兵連隊。
　　1809〜12年
04　第7戦列猟騎兵連隊。
　　1805〜09年
05　第22戦列猟騎兵連隊。
　　1808〜09年

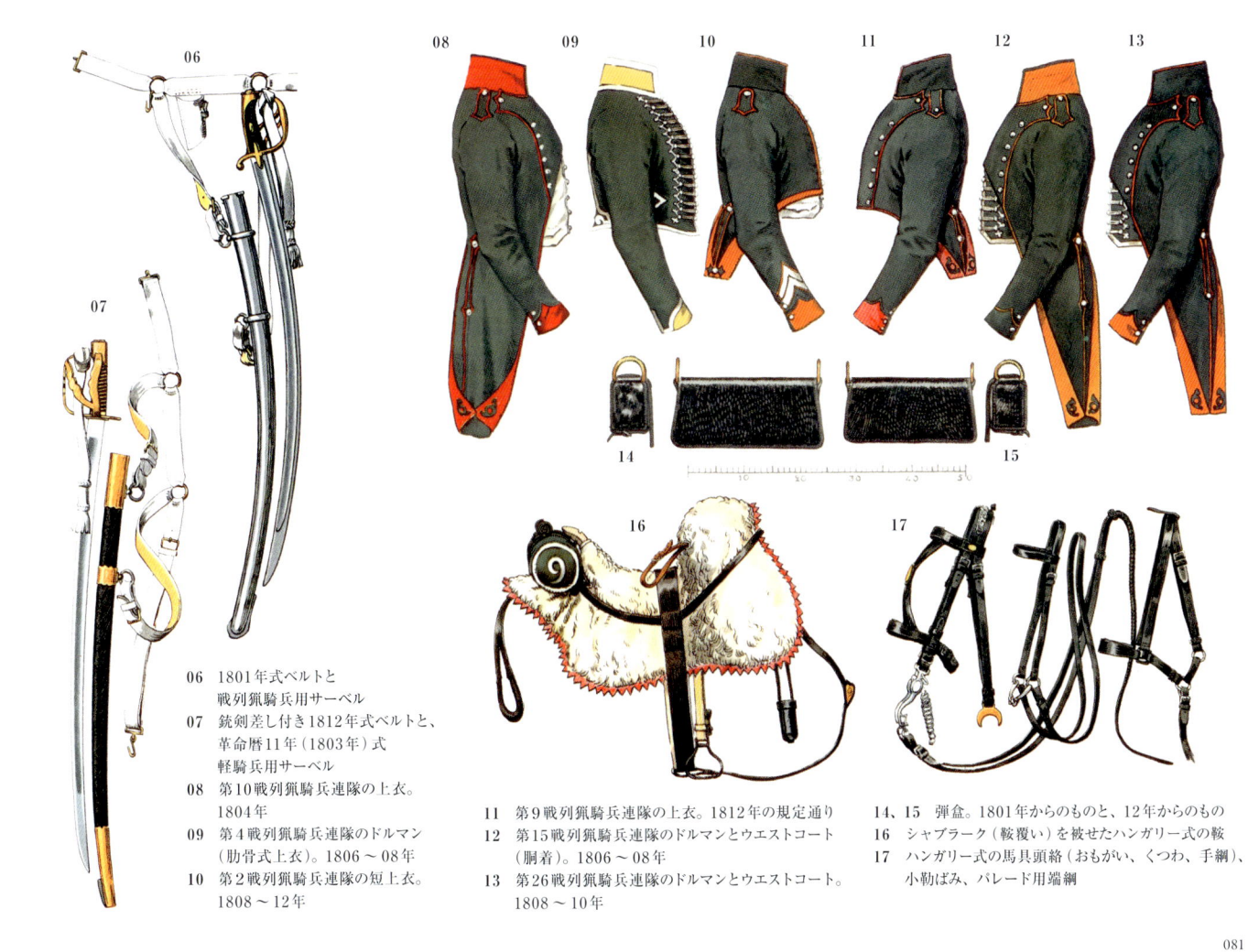

06 1801年式ベルトと
戦列猟騎兵用サーベル
07 銃剣差し付き1812年式ベルトと、
革命暦11年（1803年）式
軽騎兵用サーベル
08 第10戦列猟騎兵連隊の上衣。
1804年
09 第4戦列猟騎兵連隊のドルマン
（肋骨式上衣）。1806～08年
10 第2戦列猟騎兵連隊の短上衣。
1808～12年
11 第9戦列猟騎兵連隊の上衣。1812年の規定通り
12 第15戦列猟騎兵連隊のドルマンとウエストコート
（胴着）。1806～08年
13 第26戦列猟騎兵連隊のドルマンとウエストコート。
1808～10年
14、15 弾盒。1801年からのものと、12年からのもの
16 シャブラーク（鞍覆い）を被せたハンガリー式の鞍
17 ハンガリー式の馬具頭絡（おもがい、くつわ、手綱）、
小勒ばみ、パレード用端綱

18	第13戦列猟騎兵連隊。1806年
19	第24戦列猟騎兵連隊。1808年ごろ
20	七分丈クロークを着た戦列猟騎兵。1813～14年
21	第6戦列猟騎兵連隊。1813～14年
22	第19戦列猟騎兵連隊。1813～14年

01 第14戦列猟騎兵連隊の
　 中佐。1804年
02 第1戦列猟騎兵連隊の
　 下級将校。1806年
03 第16戦列猟騎兵連隊の
　 下級将校。1809年
04 第14戦列猟騎兵連隊の
　 将校。略装時。1809年
05 第23戦列猟騎兵連隊の
　 上級将校。1812年
06 第8戦列猟騎兵連隊の
　 下級将校。1813～14年

07 第12戦列猟騎兵連隊の将校の上衣。
　　1808〜10年
08 将校用の弾盒
09 将校用サーベルと腰ベルト
10 将校用の上衣。1813〜14年
11 将校用腰ベルトの細部
12 折り返し部分の狩猟用角笛の刺繍
13 馬具
14 ユサール（ハンガリー軽騎兵）式の鞍。
　　革製

15 日中のフロックコート姿の上級将校
16 第9戦列猟騎兵連隊の下級将校。夏の外出着
17 第23戦列猟騎兵連隊の精鋭中隊兵士。1811年
18 第1戦列猟騎兵連隊の精鋭中隊兵士。
1809～10年
19 第19戦列猟騎兵連隊の下級将校。
1813～14年
20 クローク姿の将校

01　第5戦列猟騎兵連隊のラッパ長。
　　1805年
02　第7戦列猟騎兵連隊のラッパ卒。
　　1810〜11年
03　第6戦列猟騎兵連隊のラッパ卒。
　　1809年
04　第1戦列猟騎兵連隊のラッパ卒。
　　1806〜08年
05　第12戦列猟騎兵連隊のラッパ卒。
　　1812年

06 第1戦列猟騎兵連隊。
　　1802年
07 第1戦列猟騎兵連隊。
　　1808年
08 第1戦列猟騎兵連隊。
　　1808〜12年
09 第2戦列猟騎兵連隊。
　　1809年

10 第3戦列猟騎兵連隊。
　　1807年
11 第4戦列猟騎兵連隊。
　　1807年
12 第5戦列猟騎兵連隊。
　　1815年
13 第5戦列猟騎兵連隊。
　　1807年

14　第6戦列猟騎兵連隊。
　　1809年
15　第7戦列猟騎兵連隊。
　　1808〜09年
16　第7戦列猟騎兵連隊。
　　1810〜12年
17　第7戦列猟騎兵連隊。
　　1813年

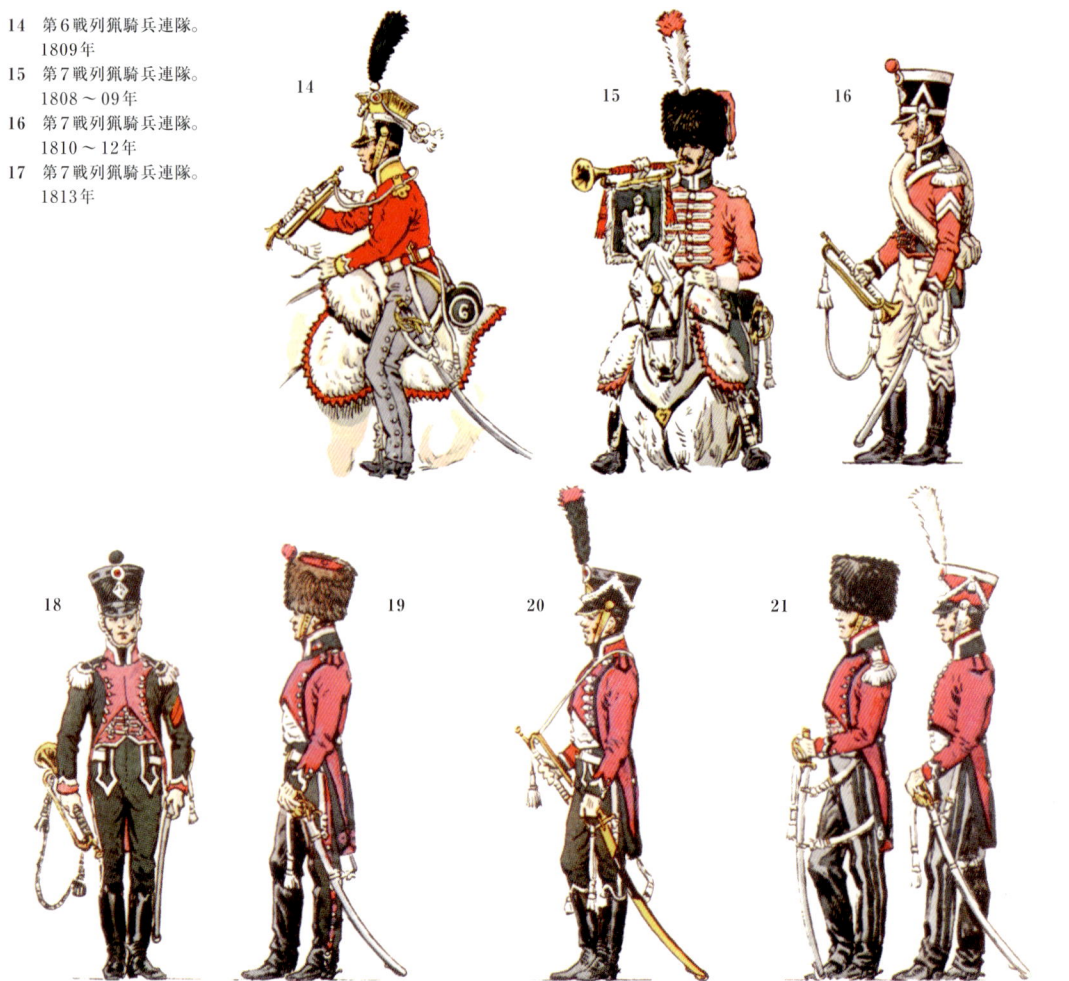

18　第8または第9戦列
　　猟騎兵連隊。
　　1807年か
19　第10戦列猟騎兵連隊。
　　1809年
20　第11戦列猟騎兵連隊。
　　1810年
21　第12戦列猟騎兵連隊。
　　1810年

Regular Army
Cuirassiers
胸甲騎兵

01　第11胸甲騎兵連隊。
　　1810年
02　第3胸甲騎兵連隊。
　　1806年
03　作戦中の第9胸甲騎兵連隊兵士。
　　1805年
04　第5胸甲騎兵連隊。1809年

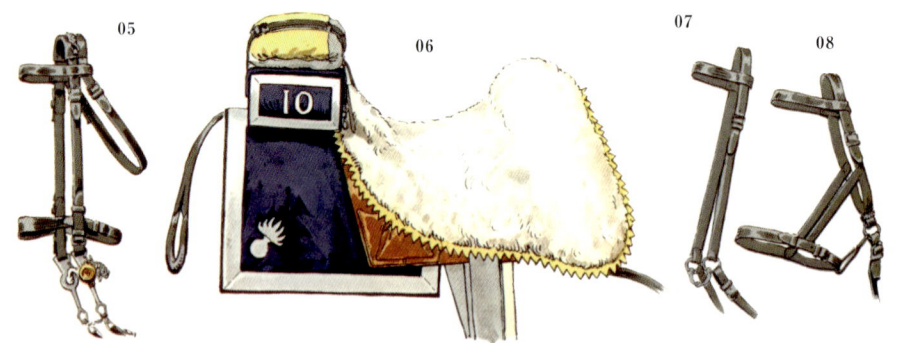

09 第1胸甲騎兵連隊の兜
10 第9胸甲騎兵連隊の兜
11、12 初期型の胸甲
13 第2次型の胸甲
14 弾盒、ベルト、革命暦11年
　　（1803年）式サーベル

05 おもがい
06 鞍一式
07 小勒ばみの頭部にかける部分
08 端綱

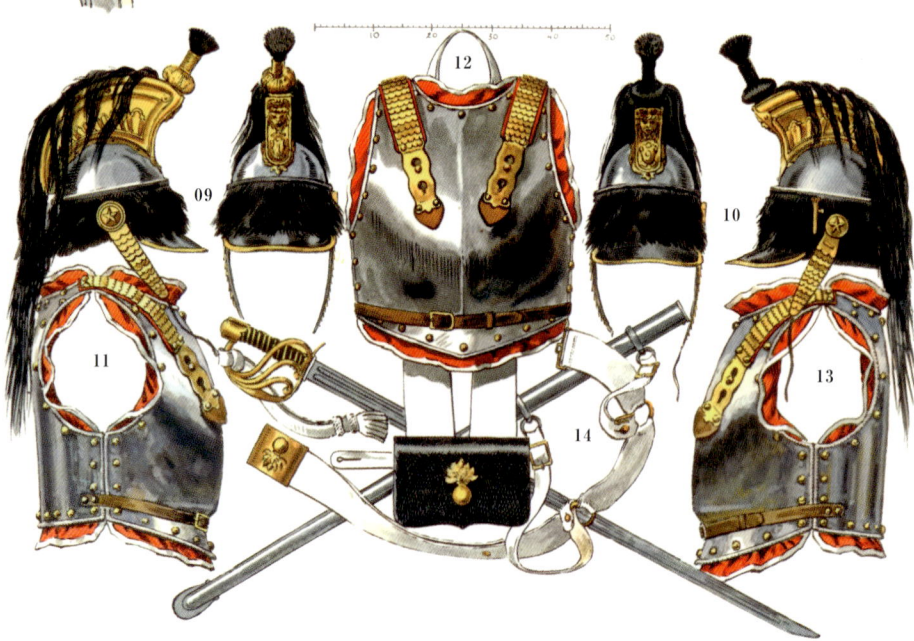

15 略装短上衣（アビ・ドロワ'habit droit'）を着た
第1胸甲騎兵連隊の兵長。1804年
16 クローク姿の胸甲騎兵
17 略装上衣（シュルトゥ）を着た第7胸甲騎兵連隊の装蹄兵。
1809年
18 行軍用軍装の第4胸甲騎兵連隊兵士
19 短上衣（アビ・ヴェストゥ'habit veste'）を着た
第8胸甲騎兵連隊兵士。1806～09年
20 第12胸甲騎兵連隊の主計長。1807年

01　燕尾上衣を着て衛兵勤務に就く
　　第6胸甲騎兵連隊兵士。1811年
02　作戦中の第11胸甲騎兵連隊兵士。
　　1812年
03　第5胸甲騎兵連隊。規定通り。1812年
04　チュニック（略装上衣）を着た
　　第2胸甲騎兵連隊兵士。1813～14年

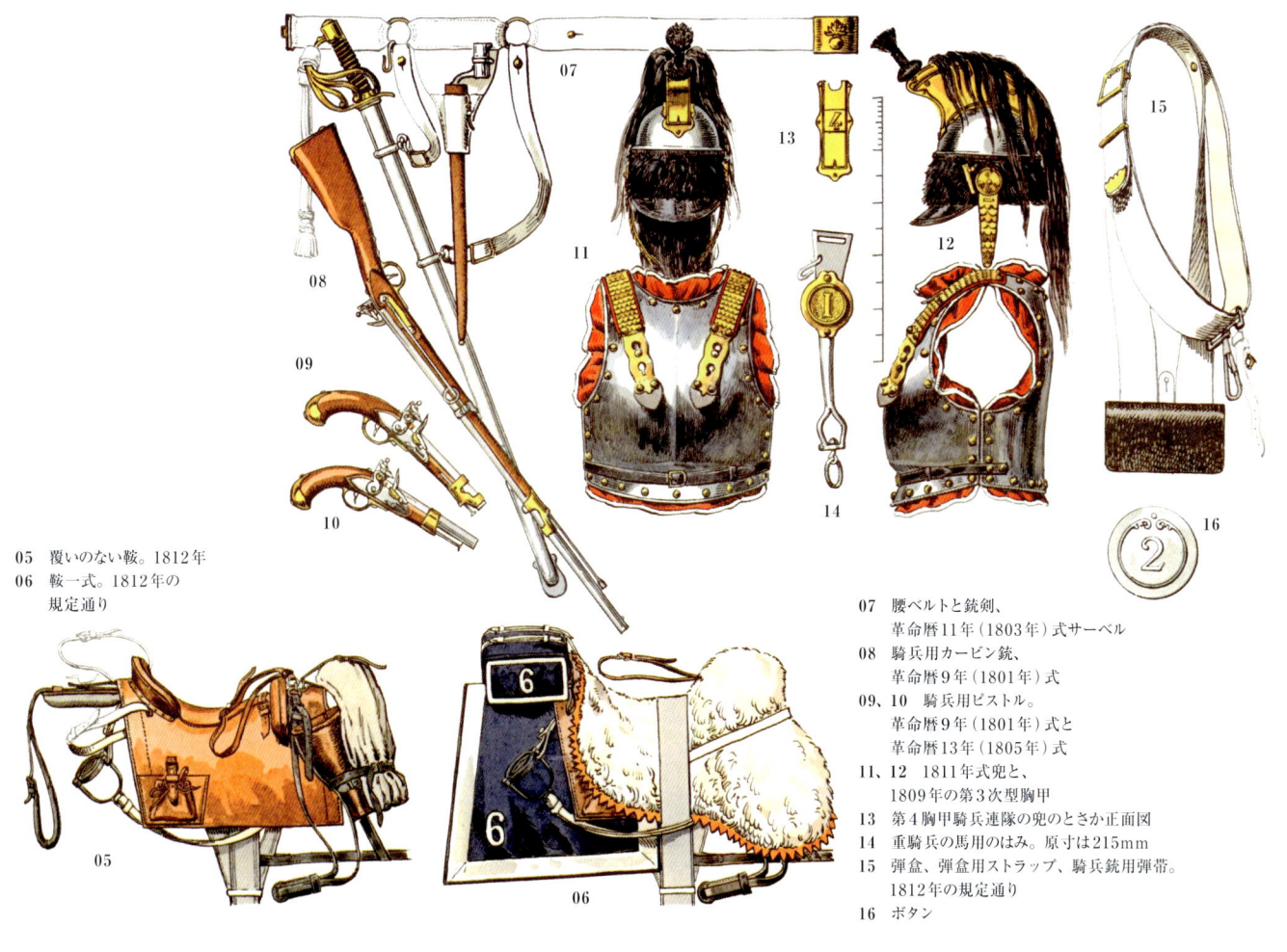

05 覆いのない鞍。1812年
06 鞍一式。1812年の
　　規定通り

07 腰ベルトと銃剣、
　　革命暦11年（1803年）式サーベル
08 騎兵用カービン銃、
　　革命暦9年（1801年）式
09、10 騎兵用ピストル。
　　革命暦9年（1801年）式と
　　革命暦13年（1805年）式
11、12　1811年式兜と、
　　1809年の第3次型胸甲
13 第4胸甲騎兵連隊の兜のとさか正面図
14 重騎兵の馬用のはみ。原寸は215mm
15 弾盒、弾盒用ストラップ、騎兵銃用弾帯。
　　1812年の規定通り
16 ボタン

17 第10胸甲騎兵連隊兵士の
　　野戦装。1813年
18 ポカレム帽をかぶった
　　訓練着姿の胸甲騎兵。
　　1813〜14年
19 大外套を着た胸甲騎兵。
　　1813〜14年

01 下級将校。1807年
02 下級将校。1806年
03 第13胸甲騎兵連隊の
　　上級将校。
　　行軍用。1809年
04 正装の上級将校。
　　1813〜14年

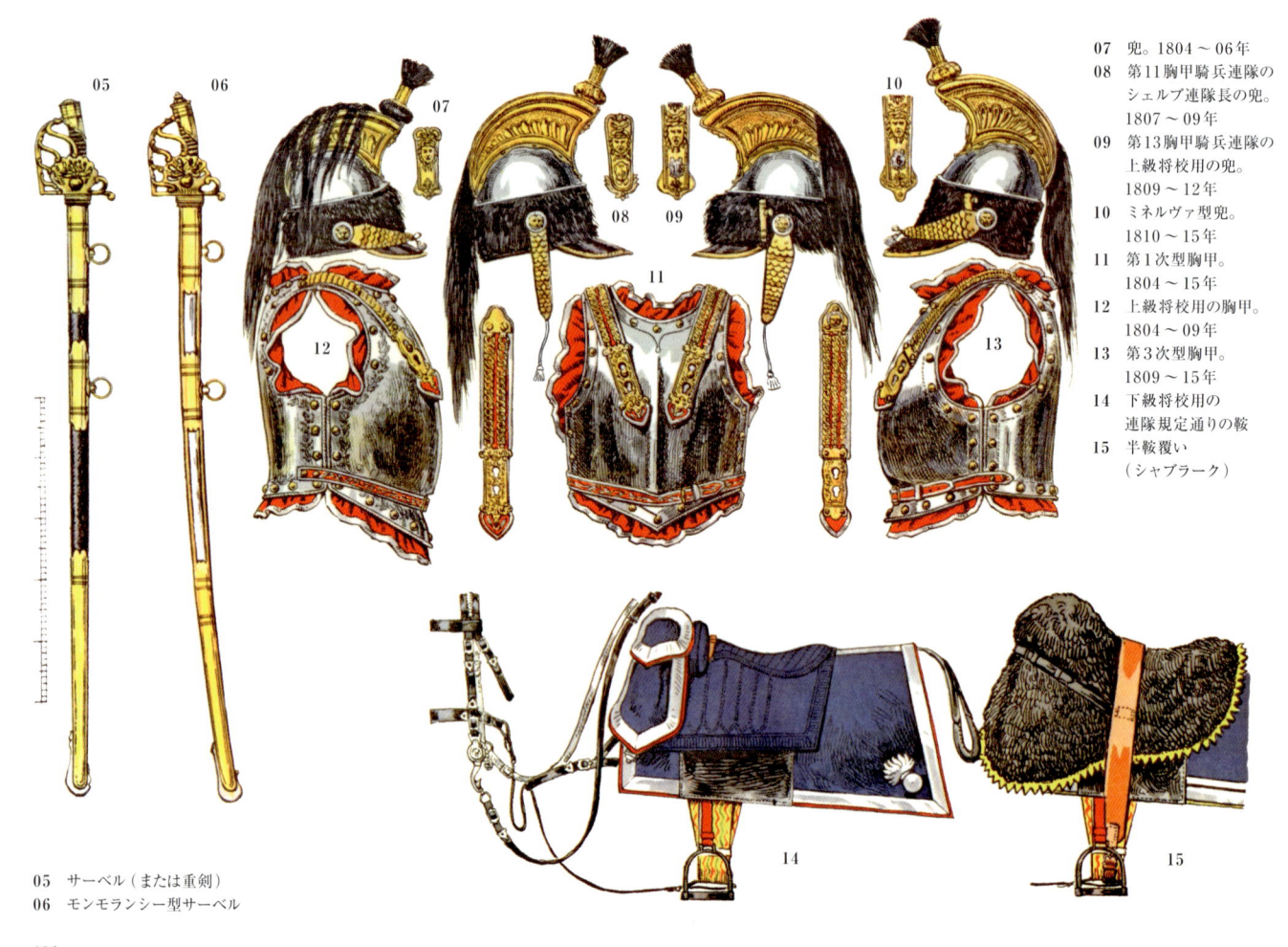

07 兜。1804〜06年
08 第11胸甲騎兵連隊の
   シェルブ連隊長の兜。
   1807〜09年
09 第13胸甲騎兵連隊の
   上級将校用の兜。
   1809〜12年
10 ミネルヴァ型兜。
   1810〜15年
11 第1次型胸甲。
   1804〜15年
12 上級将校用の胸甲。
   1804〜09年
13 第3次型胸甲。
   1809〜15年
14 下級将校用の
   連隊規定通りの鞍
15 半鞍覆い
   （シャブラーク）

05 サーベル（または重剣）
06 モンモランシー型サーベル

16　短上衣（アビ・ヴェストゥ
　　habit veste）を着た
　　第4胸甲騎兵連隊の将校。
　　1804～09年
17　社交用制服姿の
　　第11胸甲騎兵連隊の
　　上級将校
18　クローク姿の将校
19　略装上衣（シュルトゥ）を着た
　　第7胸甲騎兵連隊の将校。
　　1809～12年
20　社交用制服姿の
　　胸甲騎兵連隊の将校。
　　1813～14年

097

01 第1胸甲騎兵連隊ラッパ卒。1809〜12年
02 胸甲を付けた第6胸甲騎兵連隊ラッパ卒。1806〜07年
03 第5胸甲騎兵連隊ラッパ長。1808年
04 シュルトゥを着た第2胸甲騎兵連隊ラッパ卒
05 第1胸甲騎兵連隊ラッパ卒。1808年
06 「帝国型制服Imperial Livery」の第4胸甲騎兵連隊ラッパ卒。1813〜14年

07 帝国型制服上衣の細部
08 その縁どり

第1胸甲騎兵連隊 1810〜11年	第1胸甲騎兵連隊 1811〜12年	第1胸甲騎兵連隊 1811〜12年
第2胸甲騎兵連隊 1804年	第2胸甲騎兵連隊 1806〜07年	第4胸甲騎兵連隊 1810〜11年
第5胸甲騎兵連隊軍楽兵 1808年	第5胸甲騎兵連隊軍楽兵 1809年	第5胸甲騎兵連隊 1812年
第5胸甲騎兵連隊 1810〜11年	第6胸甲騎兵連隊 1808年	1810年

01　第7胸甲騎兵連隊ラッパ卒。
　　1807～08年
02　第9胸甲騎兵連隊ラッパ卒。
　　1807～08年
03　第10胸甲騎兵連隊ラッパ卒。
　　1811年
04　第14胸甲騎兵連隊
　　（オランダ軍から移籍）ラッパ卒。
　　1810～11年

ゲルハルトの彫刻から模写
1805年

第7胸甲騎兵連隊
1809年

第7胸甲騎兵連隊
1809年

第8胸甲騎兵連隊
1809〜10年

第8胸甲騎兵連隊
1811年

第9胸甲騎兵連隊のラッパ長
1804〜05年

第9胸甲騎兵連隊
1805〜06年

第9胸甲騎兵連隊
1805〜06年

第9胸甲騎兵連隊
1813〜14年

第10胸甲騎兵連隊
1809年

第11胸甲騎兵連隊
1809年

第12胸甲騎兵連隊
1805年

第12胸甲騎兵連隊
1810〜12年

第13胸甲騎兵連隊
1810年

第13胸甲騎兵連隊
1812年

第14胸甲騎兵連隊
1810年

Regular Army
Carabiniers

カラビニエール（騎兵銃兵）

01 カラビニエール（騎兵銃兵）
   連隊のラッパ卒。正装。
   1807～10年
02 正装の下級将校。
   1807～10年
03 正装のカラビニエール。
   1808～10年
04 衛兵装のカラビニエール

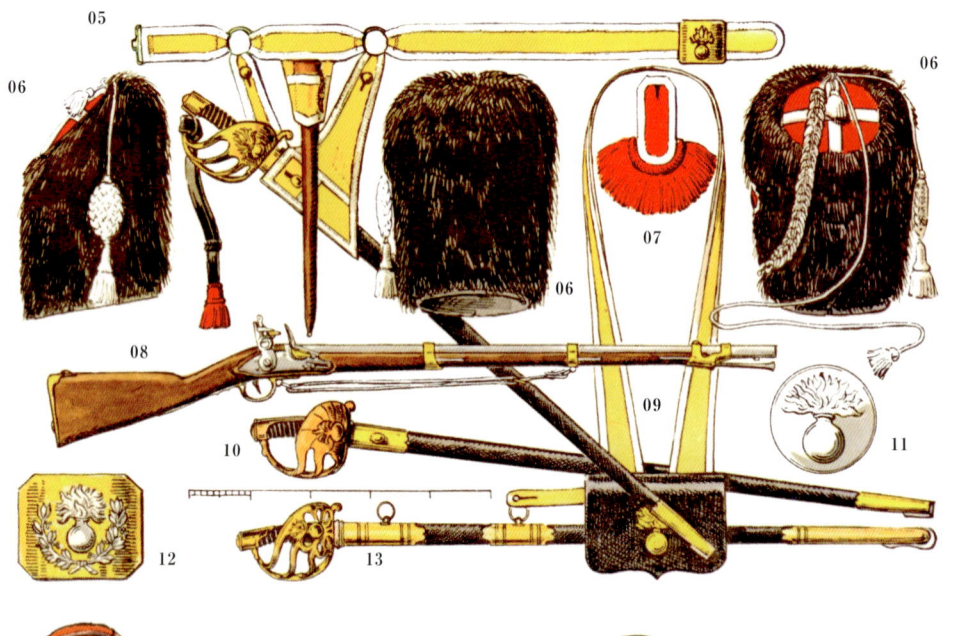

05 一般兵用の革命暦9年
　　（1801年）式
　　腰ベルトとサーベル
06 熊毛帽
07 兵士用正肩章（エポレット）
08 短いマスケット銃
09 弾盒
10 カラビニエール
　　（騎兵銃兵）用の
　　革命暦4年式サーベル
11 軍服のボタン
12 将校用ベルトのプレート。
　　原寸幅：9cm
13 将校用サーベル

14 兵士用の鞍
15 上級将校用の鞍。
　　1804～10年

16 訓練着
17 クローク姿
18 シュルトゥを着たラッパ卒。1809年
19 第2カラビニエール（騎兵銃兵）連隊の将校。1809年
20 外出着の伍長
21 行軍時の兵長

01、02　カラビニエール（騎兵銃兵）
03　下級将校
04　ラッパ卒。1809〜13年
05　騎兵用の鞍と頭絡
06　上級将校用の鞍と頭絡

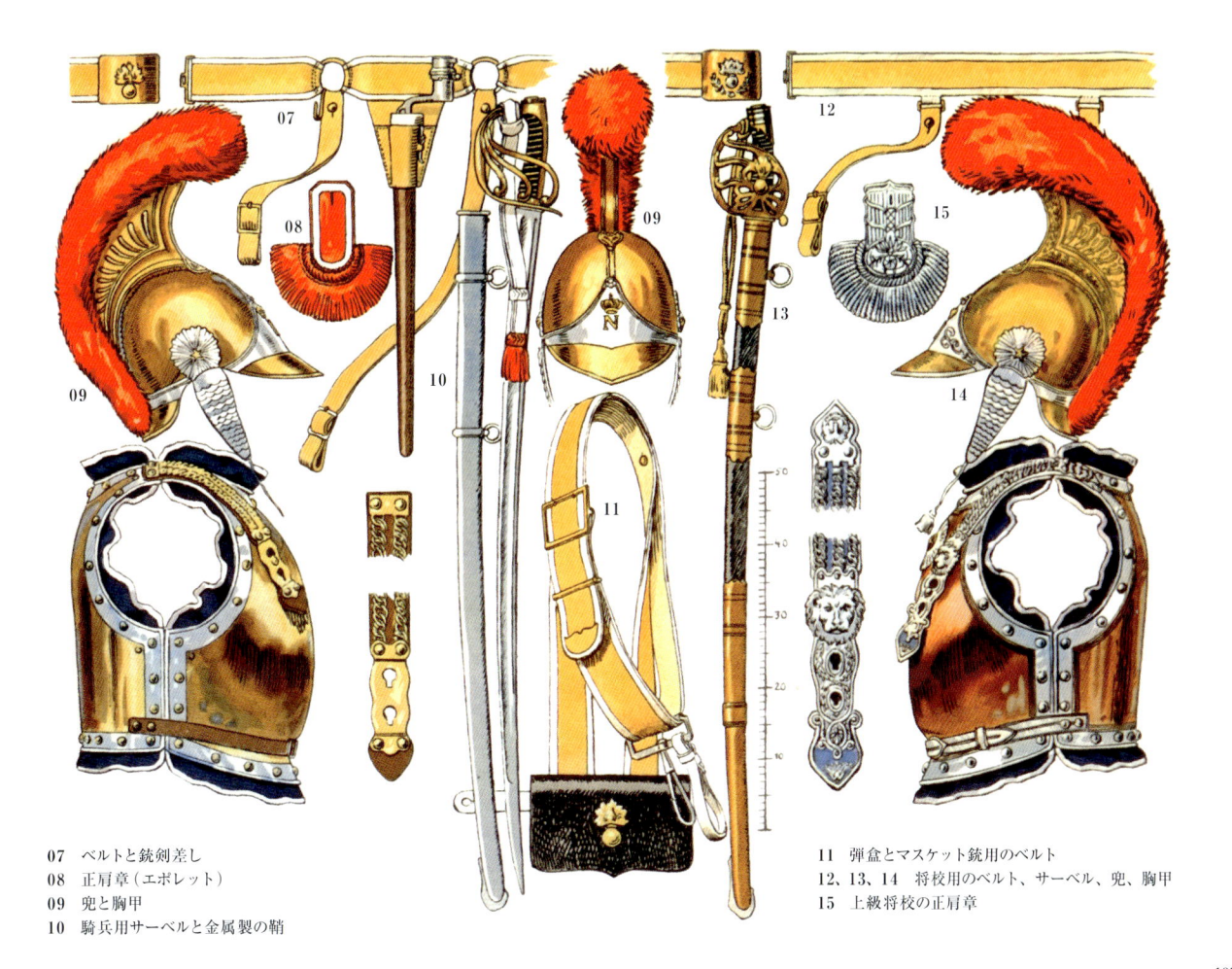

07 ベルトと銃剣差し
08 正肩章（エポレット）
09 兜と胸甲
10 騎兵用サーベルと金属製の鞘
11 弾盒とマスケット銃用のベルト
12、13、14 将校用のベルト、サーベル、兜、胸甲
15 上級将校の正肩章

107

16 上級将校用胸甲の首周りの飾り、太陽の図案
17 騎兵用のサーベルと皮革製の鞘
18 革命暦9年（1801年）式マスケット銃
19 1812年の規定通りのラッパ卒
20 七分丈クローク姿のカラビニエール（騎兵銃兵）
21 カラビニエール。1812年
22 オーバーオール（重ね穿き）を履いた下士官。
　 1812〜13年

01 衛兵勤務中のカラビニエール（騎兵銃兵）
02 訓練着のカラビニエール
03 クローク姿の将校
04 礼装の将校
05 外出着の将校
06 フード付きクローク姿のカラビニエール。1813～14年
07 外出着の下士官。1813年

08 兵士用兜の鉢巻部の細部。
原寸幅：92mm

09 ラッパ卒の帝国型制服上衣の細部。
1812～14年

10 ド・ラ・リボワジエール中尉の兜
（グロスの絵画から模写）

11 第1カラビニエール（騎兵銃兵）
連隊のラッパ卒下士官。1811年

12 第2カラビニエール連隊の
ケトルドラム（大太鼓）卒。1811年

13 第2カラビニエール連隊のラッパ卒。
1812年

14　軍服のボタン
15　1812年の規定通りの訓練着
16　1812年の規定通りの騎乗用正装
17　作戦中の軍装。1812～14年

正規軍

砲兵 Regular Army Artillery

　正規軍の砲兵には、徒歩砲兵、騎馬砲兵、牽引砲兵の区別があった。

　徒歩砲兵の制服や帽子は、戦列歩兵のものとよく似ていたが、配色は異なっており、18世紀の王政時代の砲兵隊を引き継いでいた。基本色は一貫して暗い青色で、そこに鮮紅色のパイピングが加わった。細部にはバリエーションがあり、袖口パッチは直線型でも3点型でもよく、袖のボタンも4個の場合があり、ポケットも水平型と縦型が見られた。肩章も、最終的には赤い正肩章に置き換えられたようだ。金属製ボタンは黄色で、交差した大砲と擲弾徽章、下部に連隊番号が刻印された。ウエストコートと半ズボンは青色、ゲートルは黒か灰色だった。帽子は初期には二角帽で、1807年末からシャコー帽に変更された。初め赤い飾りヒモがあり、帽体の上下に赤い線が入っていたが、後には全体が黒くなった。13年から適用された規定で、裾が短い上衣コーティCoateeが導入されたが、配色は変更されず、ただし同年3月12日付で、パイピングなどの鮮紅色はくすんだ赤色に変更となった。

　徒歩砲兵の将校も、下士官兵と基本は同様だが、ボタンは金メッキで、階級に応じた金色の正肩章を着け、裾の擲弾徽章は、下級将校は金糸、上級将校はより輝きのある金色になる。しばしばパイピングのない襟や、青い袖口といった規則外の服装も見られた。初期の将校は二角帽を被っており、1807年にシャコーが導入されると、二角帽は反りを強くし、外出用に用いられるようになった。乗馬する将校は乗馬長靴、その他はしばしば房飾り付きのスワロフ式ブーツを履いていた。勤務服では白い剣吊りに着剣し、略装では細い黒か白の剣帯を用いる。実戦での騎乗将校は、騎兵用サーベルを帯びても良かった。徒歩砲兵隊でも大佐、中佐、少佐、主計長、副官たちは騎乗した。また50歳以上の大尉や下級将校も、行軍での乗馬が認められていた。なお、徒歩砲兵隊には少尉は配属されなかった。

　騎馬砲兵は1804年に6個連隊が存在した。基本的に騎馬猟兵のものと似ており、赤い縁取り付きの青色だった。04年から12年にかけて、公式な制服はドルマン（肋骨服）にサーブルタッシュであり、階級を示す線もユサールの方式を踏襲し、下士官兵は18個×3列の黄色ボタン、将校は18個×5列の金色ボタンを飾りヒモでつないだ。一方、赤いパイピング入りの青い折り襟上衣も使用されたが、裾の赤い折り返しに青い擲弾徽章が入り、赤い正肩章を着用した。13年には丈の短い上衣も登場している。兵長は黄色い羊毛の2本線、伍長は金色の1本線、軍曹は金色の2本線を袖に入れ、いずれも赤い縁取りが付いていた。下士官はシャコーの上端に金の装飾、帽子の飾りヒモと、正肩章は赤の交じった金色を使用した。長期勤務を示す善行章の線は、砲兵と兵長は赤色、下士官は金色だった。1等砲兵は左袖に兵長用の階級線を付けることが許された。将校がズボンと袖口に入れる山形の階級線は、幅14mmの細線と幅23mmの太線で表示し、細い金線2本が中尉、金色の細線・太線・細線で大尉、金色の太線2本と細線2本が交互で少佐、太線2本と細線3本で真ん中の線が銀色なものが中佐、すべて金色の太線2本と細線3本で大佐——だった。

　牽引砲兵は新しい兵種で、1800年までに大砲の御者付き馬匹牽引が始まっており、同年1月の執政官布告で正式化された。鉄灰色の制服とブーツ、白い金属ボタンに三角帽（トリコルン）＊で、袖と折り襟は青色とされた。1807年初めから帽子は歩兵タイプの黒いシャコーになり、白い金属帽章と円形章、ポンポンか羽飾り、ヒモ飾りが付属した。13年以後はさらに簡素化し、金属顎ヒモ、鷲章入りの帽章が付いた。1810年から11年の間に、折り襟と袖の折り返しがない、簡素な軽騎兵タイプのシングル上衣が勤務時に使用されるようになった。

＊二角帽より古く17〜18世紀に流行した帽子

徒歩砲兵

徒歩砲兵
Foot Artillery
P.114-116

将校
Officers
P.117

騎馬砲兵

騎馬砲兵
Horse Artillery
P.118-123

将校
Officers
P.121-122

牽引砲兵

牽引砲兵
Artillery Train
P.124-125

113

Regular Army
Foot Artillery

徒歩砲兵

01　外出着。1804〜06年
02　勤務服。1804〜06年
03　マルティネの挿画より。
　　1808年
04　作戦中の装い。1808年
05　伝統的な装い。
　　1809年ごろ
06　ダルムシュタット市蔵の
　　現代絵画より

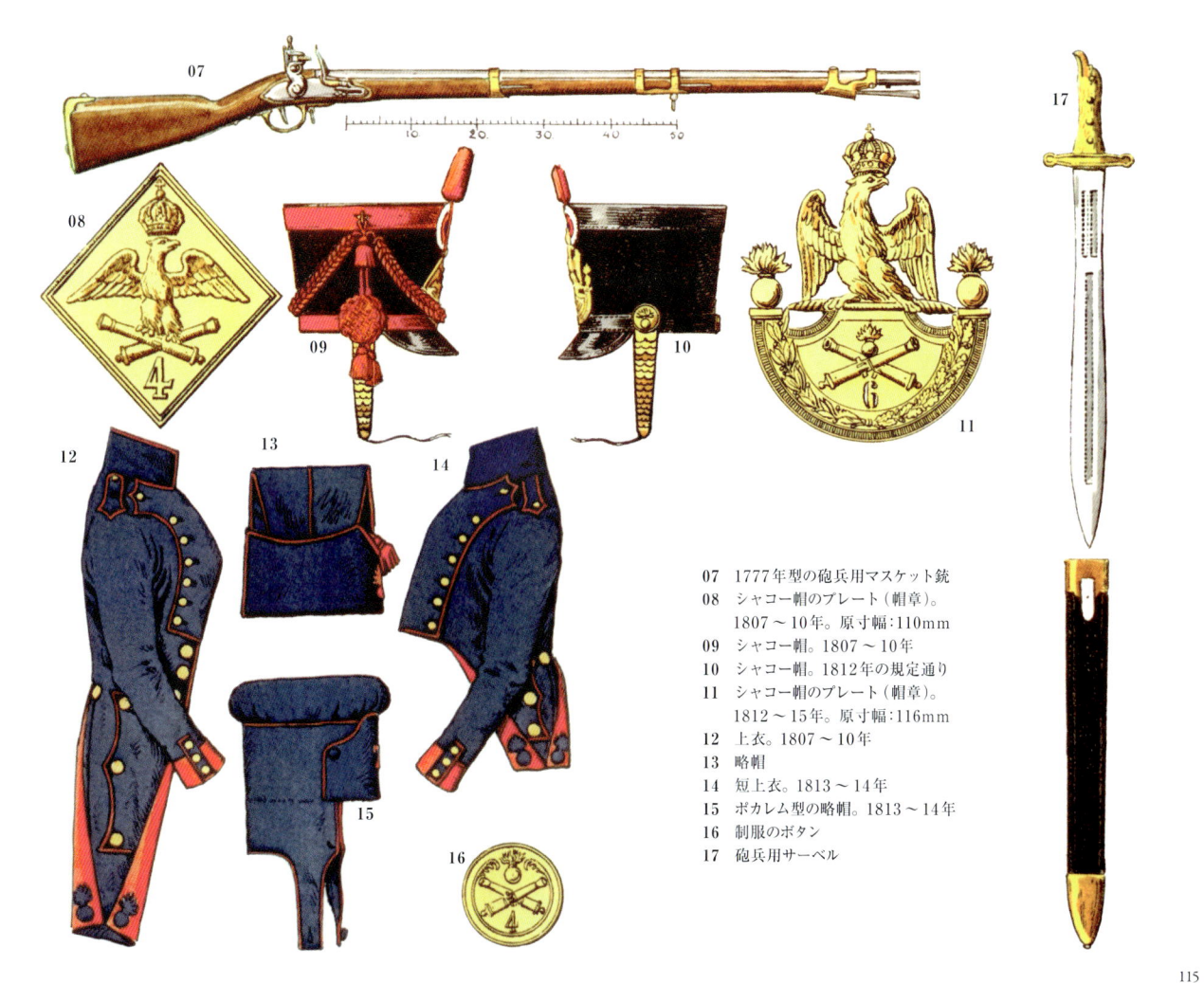

07 1777年型の砲兵用マスケット銃
08 シャコー帽のプレート（帽章）。
　　1807〜10年。原寸幅：110mm
09 シャコー帽。1807〜10年
10 シャコー帽。1812年の規定通り
11 シャコー帽のプレート（帽章）。
　　1812〜15年。原寸幅：116mm
12 上衣。1807〜10年
13 略帽
14 短上衣。1813〜14年
15 ポカレム型の略帽。1813〜14年
16 制服のボタン
17 砲兵用サーベル

01	ベルカの絵による。1809年
02	『ハンブルクのブルジョワ』による。1810～12年
03	伍長。1810～12年
04	訓練着
05	作戦中の装い。1813年
06	作戦中の装い。1813年
07	1812年の規定通りの制服
08	ジェンティの絵による。1815年

09	鼓手。1804～06年
10、11	鼓手。1808～12年
12	鼓手。1810～12年
13	作戦中の鼓手。1813～14年
14	帝国型制服姿の鼓手。1813～14年

01 少佐。1804〜06年
02 兵器工（武器を管理・整備する兵士）中隊の将校。1809年
03 外出着の将校
04 規定通りの制服の大佐。1811年
05 下級将校。1809〜12年
06 勤務服の将校。1813〜14年
07 作戦中の将校。1813年

08、09 将校用ゴルゲット（のど当て）の装飾
10 将校の腰ベルトのプレート。原寸幅：86mm

Regular Army
Horse Artillery
騎馬砲兵

01 伍長。1805～06年
02 クローク姿の砲兵。1805～06年
03 騎乗中の騎馬砲兵。1807～08年
04 第6砲兵連隊兵長。1806年
05 作戦中の装い。1812年の規定通り。1813～14年
06 砲兵。1810～12年

07 砲兵。1809年
08 砲兵。1810〜12年
09 1812年の規定通りのクローク
10 1812年の規定通りの正装
11 マルティネによるサーブルタッシュの復刻図
12 シャコー帽の帽章。1812年の規定通り
13 第4砲兵連隊のサーブルタッシュ
14 上衣。1809〜13年

15 ドルマン（肋骨式上衣）とシャコー帽。1807〜10年
16 1812年の規定通りのチュニックとシャコー帽
17 騎乗中の騎馬砲兵。1807〜08年

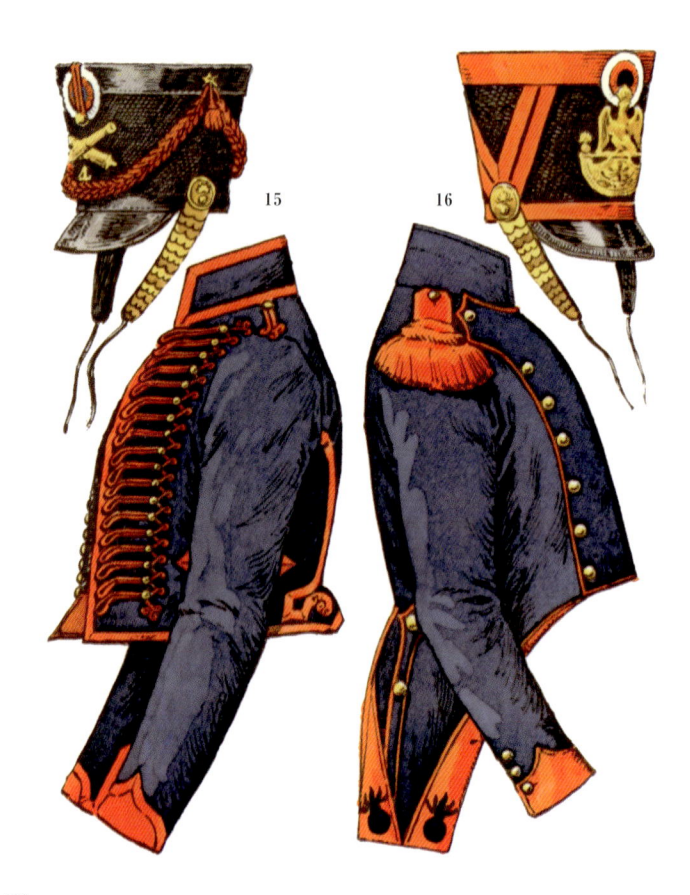

01	正装の将校。1804～07年	05	プリス（ドルマンの上にかける上衣）を着た将校。1810～12年
02	正装の将校。1809年	06	チュニック姿。帝政末期 1813～14年
03	1811年に規定化された正装	07	社交用制服。1804～12年
04	キンスキー型略装上衣を着た野戦装の将校。1809～12年		

08 第4砲兵連隊将校のサーブル
   タッシュ。帝政初期
09 実戦用の英国式鞍と鞍敷布
10 正装用シャブラーク（鞍覆い）
11 一般的でない制服を着た
   第1砲兵連隊のノエル大尉。
   1807年
12 フロックコートの実戦用制服。
   1805〜07年
13 クローク姿の将校
14 1805〜06年の第4砲兵連隊の
   将校用弾盒と、1811年の
   規定通りの弾盒

15 第3砲兵連隊のラッパ卒。1807年
16 第2砲兵連隊のラッパ卒。1809年
17 ラッパ卒伍長。1809～10年ごろ
18 帝国型制服姿のラッパ卒。1813～14年
（チュニックの裾の折り返しにあるべき編みヒモ装飾は、省略されている）

Regular Army
Artillery Train

牽引砲兵

01 牽引砲兵。1804〜06年
02 規定通りの制服。1802〜03年
03 1808年ごろの正装
04 1810〜11年の制服
05 外出着
06 下士官
07 1812年の規定通りの制服
08、09、10 牽引砲兵

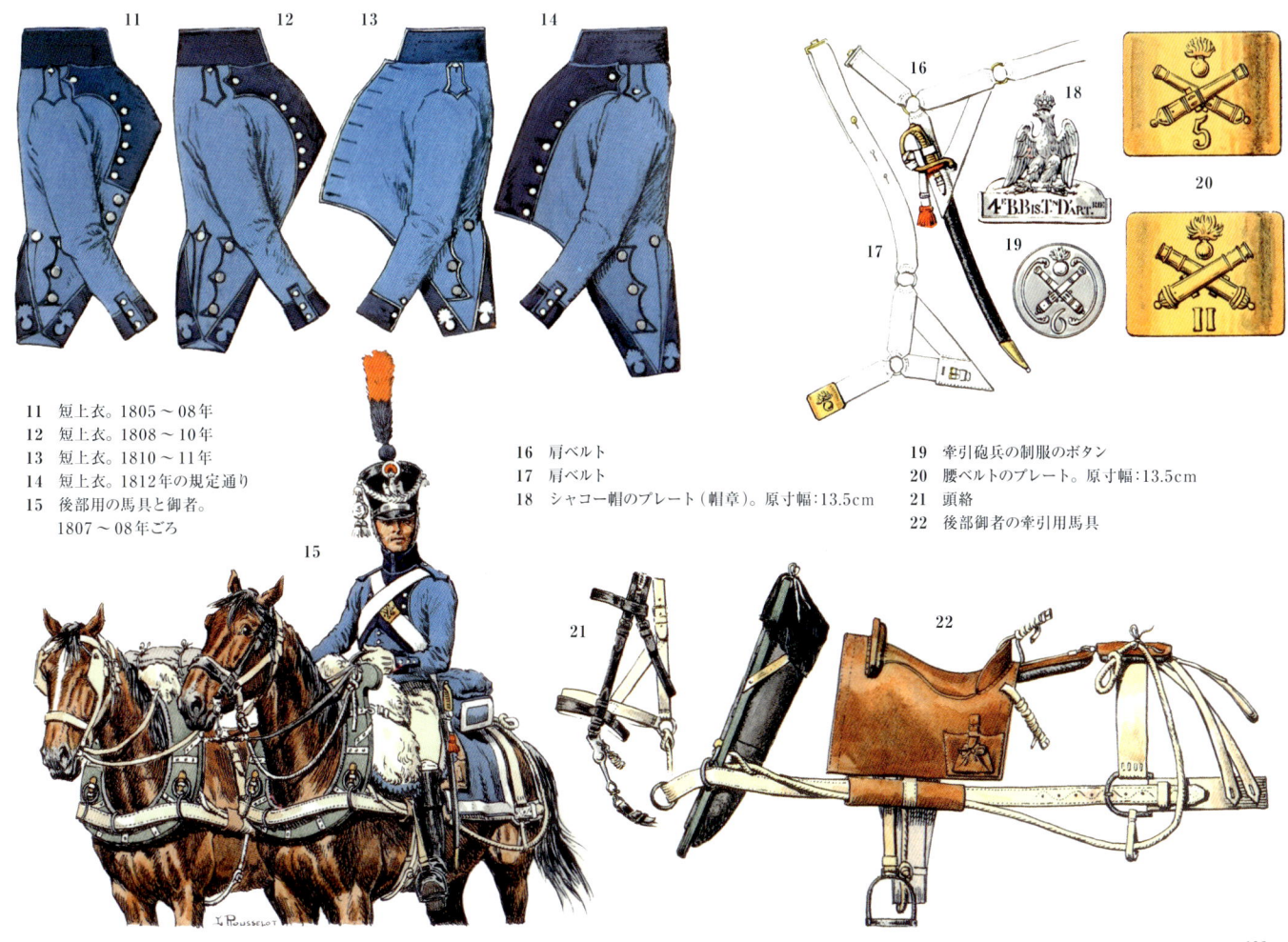

11 短上衣。1805〜08年
12 短上衣。1808〜10年
13 短上衣。1810〜11年
14 短上衣。1812年の規定通り
15 後部用の馬具と御者。
　　1807〜08年ごろ
16 肩ベルト
17 肩ベルト
18 シャコー帽のプレート（帽章）。原寸幅：13.5cm
19 牽引砲兵の制服のボタン
20 腰ベルトのプレート。原寸幅：13.5cm
21 頭絡
22 後部御者の牽引用馬具

正規軍

支援部隊 Regular Army Auxiliary

　この項では国家憲兵と輜重牽引兵を取り上げる。

　1790年末に承認された布告で、王政時代の憲兵は国家憲兵（ジャンダルムリ・ナショナル）の名で再編成された。国家憲兵隊は、それぞれ3県を管轄する28の管区（第14管区のみ4県を担当）があり、各県には少なくとも15個中隊＊、コルシカ島所轄の第28管区は24個中隊を擁していた。1797年2月の再編で25管区となり、管区長は旅団長Chef de Brigade＊＊が務めた。憲兵は普通、騎乗するが、コルシカのゴロ県とリアモン県の憲兵隊は例外だった。

　王政期の憲兵の制服を引き継ぎ、青い上衣で、立ち襟、折り襟、袖口、裾の折り返しは赤く、水平ポケットのパイピングも赤色だった。右肩の肩章は赤い縁取り付きの青色で、左肩には白いエギュレット（飾緒）を下げた。ボタンは白い金属製で、「法による力Force a la Loi」の言葉が刻まれていた。ベストと半ズボンは淡黄色、帽子は銀色の縁取り付きで、白い円形章と銀色のループが付いていた。長靴は竜騎兵スタイルのものを用いた。肩にかける剣帯は白っぽい淡黄色の皮革製で、サーベルと銃剣を収容し、騎兵銃と2挺の拳銃は憲兵専用モデルだった。1792年末から、飾緒は青・白・赤の3色を用いたものになった。憲兵兵長（巡査長）Brigadierは銀線1本、憲兵伍長（巡査部長）Marechal-des-logisは銀線2本を袖口の上部に斜めに付けた。1798年4月17日付の規定で憲兵は、従来の制服を踏襲するが、ベルトのバックルには「人民と権利を尊べRespect aux personnes et aux proprietes」という言葉を彫り込むことになった。しかし、1792年から1800年にかけて、憲兵が大量に必要とされたために、制服も帽子も間に合わないことが非常に多く見られた。

　将校のボタンと階級章、裾の折り返しの擲弾徽章は銀色だった。管区長（憲兵大佐。警視正）は太いフリンジ付きの銀色の正肩章を両肩に付けた。大隊長（憲兵少佐。警視）は右肩に正肩章、左肩に装飾入りで銀色の石筆付きの銀色、および銀色と青色のミックス、銀色と赤色のミックスの飾緒を下げた。憲兵大尉（警部）は右肩の正肩章のフリンジが細いものとなり、飾緒の石筆の装飾が省かれるほかは、少佐と同じだった。憲兵中尉（警部補）は正肩章に赤い菱形線が入ったほか、飾緒も単純な銀、赤、青のものを下げた。

　輜重牽引兵は、民間の御者が担っていた物資輸送を安定化させるため、ナポレオンが1807年3月に制度化し、12年には22個大隊まで増強された。第18大隊は救急輸送大隊として知られる。ロシア遠征後、9個大隊を再編、3個大隊を増設した。07年の制度では、各大隊は大隊本部と4個中隊で構成された。本部には隊長（大尉）、副官（中尉）、主計長（少尉）、軍医長（少尉）の4人の将校と、獣医軍曹、伍長、2人の主計兵長、ラッパ長、馬具長、車大工長、仕立長、製靴長が配属され、ラッパ長以下は騎乗せず徒歩とされた。各中隊は少尉が指揮し、軍曹、2人の伍長、4人の兵長、ラッパ卒、80人の輸卒で構成された。

　初期の彼らの短い上衣は栗色で、襟は鉄灰色、裾は折り返して留め、白い金属ボタンに「フランス陸軍、輜重部隊Armee Français .Equipage」の文字があった。ウエストコートも栗色だった。07年4月6日の規定では、輜重兵の制服は基本的に牽引砲兵のものと同一となり、ただし袖口、立ち襟、折り襟、パイピングと裏地は栗色とし、ボタンには大隊番号を入れるように変更された。裾の折り返しには鉄灰色（将校は銀色）の星形徽章が付いた。

＊中隊＝ブリゲイドBrigadeは陸軍でいう旅団の意味ではなく、警察の100～200人ほどの中隊、班のこと。

＊＊1793年から1803年の間だけ、フランス軍に存在した階級で、名前と実態は異なって半個旅団の指揮を執り、大佐に相当。なお、この階級は陸軍式のもので、Brigadeも陸軍の旅団（5000人ほど）の意味。よって半個旅団も2000人ほどを意味する。

| 国家憲兵 |

| 輜重牽引兵 |

国家憲兵
National Gendarmerie
P.128-130

輜重牽引兵
Carriage Train
P.131-133

Regular Army
National Gendarmerie
国家憲兵

01 徒歩憲兵。1792年
02 騎馬憲兵。1792年
03 大外套を着た憲兵。
　 1797～98年
04 パリ市民軍の憲兵。1793年
05 騎馬憲兵の下馬勤務スタイル。
　 1797～98年

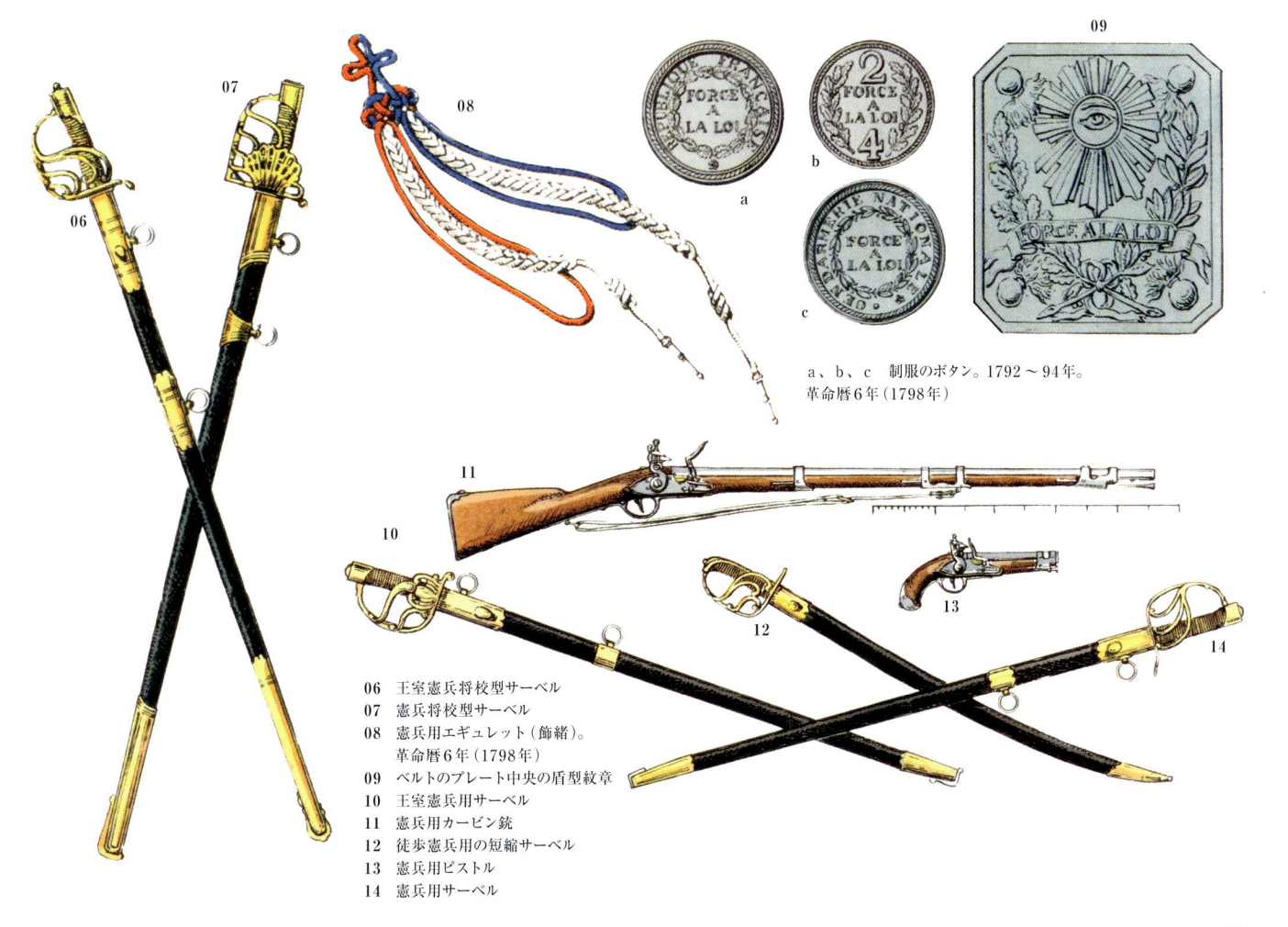

a、b、c 制服のボタン。1792〜94年。
革命暦6年(1798年)

06 王室憲兵将校型サーベル
07 憲兵将校型サーベル
08 憲兵用エギュレット（飾緒）。
革命暦6年(1798年)
09 ベルトのプレート中央の盾型紋章
10 王室憲兵用サーベル
11 憲兵用カービン銃
12 徒歩憲兵用の短縮サーベル
13 憲兵用ピストル
14 憲兵用サーベル

15 オランダ軍の国家憲兵。1794年
16 憲兵兵長
17 憲兵軍曹
18 憲兵兵長。1797〜98年
19 大外套を着た将校
20 正装の将校
21 ラッパ卒

Regular Army
Carriage Train
輜重牽引兵

01　車大工（くるまだいく：馬車や車台を整備する大工）。1804年
02　車大工。1806年
03　下士官。1808年
04、05　牽引輸卒。1808年ごろ
06　行軍仕様。1808～13年
07　正装。1808～13年

08 スペイン戦線の牽引輸卒。1811年
09 牽引輸卒。1814年
10 牽引輸卒。1812〜13年
11 作戦中の装い。1813〜14年
12 ケープ付き外套。1813〜14年

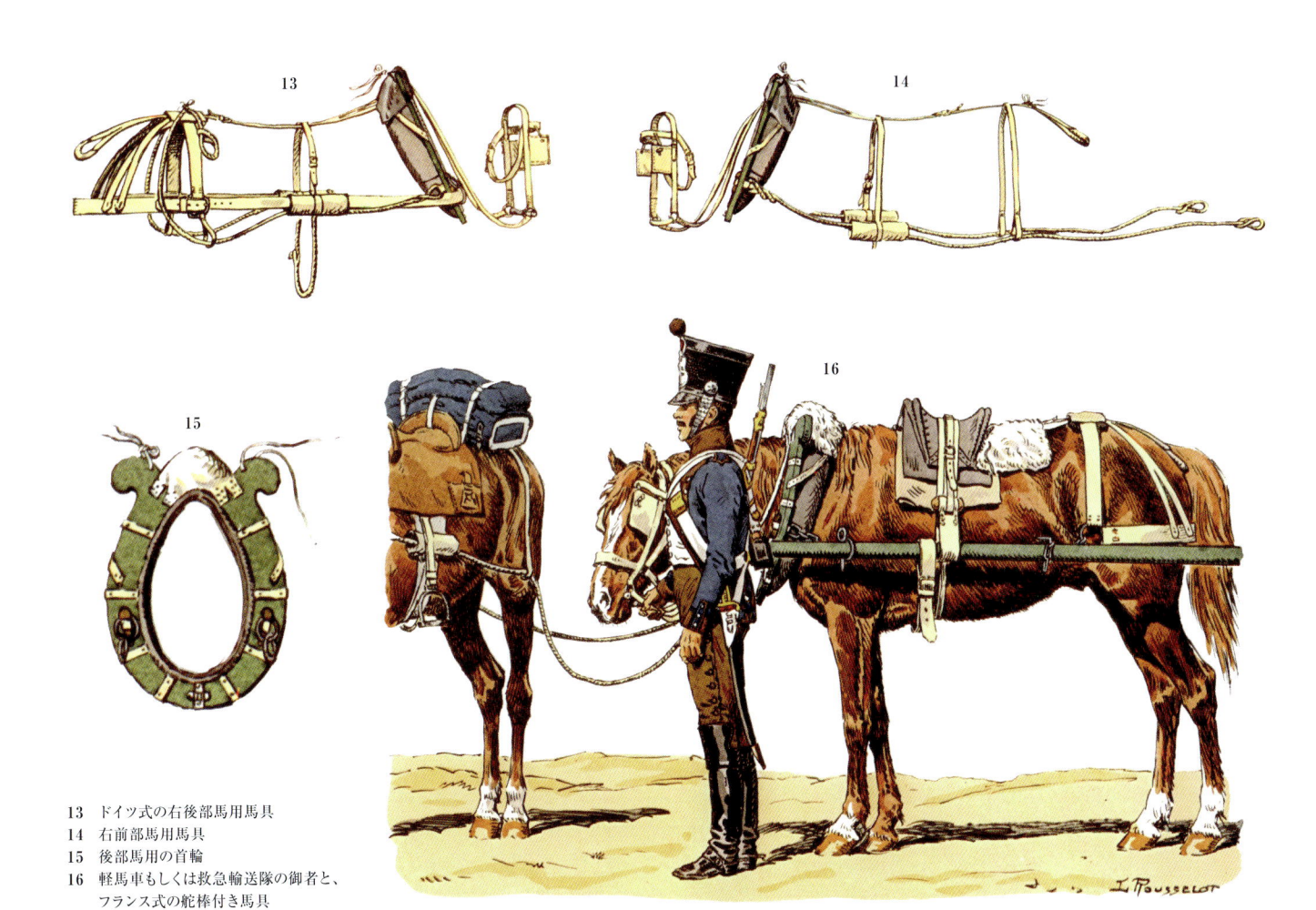

13 ドイツ式の右後部馬用馬具
14 右前部馬用馬具
15 後部馬用の首輪
16 軽馬車もしくは救急輸送隊の御者と、
　 フランス式の舵棒付き馬具

正規軍
幕僚 Regular Army Staff

　本項ではナポレオン軍の帝国元帥、将官、参謀、副官たちの服装を取り上げる。
　王政時代の「フランス元帥」は1793年に廃止されたが、ナポレオンは「帝国元帥」の名で、革命暦13年フローリアル28日（1804年5月19日）付の布告で復活させた。
　帝国元帥の服装については2つの布告が出ている。同年7月18日付の大礼装に関するもの、二つめは同年9月13日付の通常装に関するものである。前者の規定では、帝国元帥の大礼服上衣は暗青色の絹かベルベット製で、将官用の金色の刺繍が全身に施されるが、その面積は一般将官の3割増しとされた。白いウエストコートと半ズボンにも刺繍を入れ、白いホーズ（靴下）を着用。外套（マント―）は上衣と同じ色で、襟に白絹を付け、やはり金色の刺繍で飾る。帽子は前後で折り曲げた二角帽で、白い羽飾りを付ける。金色のサッシュ（帯）と剣を帯び、レースのクラヴァット（ネクタイ）を巻く。そして元帥たちは、青地に金の鷲章を配置した全長50cmの元帥杖（バトン）を携える――といったものだった。また後者の規定では、帝国元帥の常装上衣は、中将用の制服を踏襲するが、やはり金の刺繍を3割増しにするように定められ、正肩章も中将用の星が付く位置に、2本の元帥杖の徽章を付けた。ボタンの模様は、半分がオーク、半分が月桂樹の花冠の中央に、レジョン・ド・ヌール勲章のリボンで結んだ2本の元帥杖、という図柄だった。また、ブーツは膝当てのあるフランス式を用いる――などとされた。
　帝国元帥たちの中には、その任務上、飾緒（エギュレット）を肩に下げる者もいた。大陸軍参謀長を務めたベルティエ、皇帝親衛隊の上級大将（各兵科の先任将官）を務めたダヴー（擲弾歩兵）、スルト（猟歩兵）、ベシェール（騎兵）、モルティエ（海兵および砲兵）らであり、ルフェーブルも親衛隊歩兵の指揮を執ったときだけ、飾緒を下げた。

　将官と参謀の服装規定は革命暦12年バンデミエール1日（1803年9月24日）に出ており、将官の礼装上衣は紺色で、赤い立ち襟は7～8cm、袖の折り返しも赤く11cmの長さとされた。ポケットの蓋は3点形で、上衣の裾は折り返さない。上衣の前部、ポケット、裾に幅6cmの刺繍を入れた。ブーツと合わせる乗馬用の青い半ズボンには刺繍を入れず、靴下と短靴と合わせる白い半ズボンには、金色のオークの葉の刺繍入りガーター（靴下留め）を巻いた。ウエストコートと半ズボンには刺繍は入れない。夏場のウエストコートや半ズボンは、ナンキーン（南京綿）やディミティ（浮縞綿）といった素材を用いても良かった。
　一方、略装では将官は肩にフリンジ付きの金色の正肩章を着用し、階級に応じて銀色の星を付ける。軍団長の中将（師団将軍）は星4個を正肩章、サッシュ（帯）、刀緒に付ける。また司令官の職位を示す白い装飾入りバルドリック（剣帯）＊をタスキがけする。一般の中将は同様の箇所に星3個を、少将（旅団将軍）は星2個を付けた。また、中将は制服の立ち襟と袖口、ポケットに二重の刺繍を、少将は1本の刺繍を入れる。
　参謀の上着は青く、裾は綴じない。立ち襟と袖口は赤い布を付け、前合わせの9つのボタンの左右に金色の刺繍を入れ、襟にも2本、裾の腰ヒダの付け根に垂直に3本、袖口に短く2本の刺繍があり、さらに正肩章を付けるために、襟に近い肩口に1本を縫い付けた。参謀補佐は参謀のものとほぼ同じで、ただし上衣と大外套の襟にだけ金色の刺繍が入った。
　副官の上着も青く、立ち襟と袖口に空色の布を付ける。シングルの前合わせにはボタン9個、ポケットに3個、ウエストに2個が付き、副官勤務中は左腕に腕章（ブラサール）を巻く。色は仕える将軍の階級に応じ、白（軍団長中将）、赤（中将）、空色（少将）だった。

＊バルドリックBaldricは肩からタスキ掛けする剣帯、刀帯のこと。

Regular Army
Staff

幕僚

01 騎乗する正装の司令長官・元帥。
   1804〜07年
02 大礼装
03 徒歩時の正装
04 騎乗時の正装。1808〜15年
05 サッシュと房飾り。
   1812年の規定によるもの
06 ボタン
07 元帥杖と鷲の徽章、
   両端部の装飾
08 正肩章

14　徒歩時の略装（ランヌ元帥）
15　野戦装（ウディノ元帥）
16　騎乗略装（ネイ元帥）
17　親衛隊騎兵上級大将（ベシェール元帥）
18　大外套（ベルナドッテ元帥）

09　ベルベットの元帥用大礼服（ランヌ元帥のもの）
10　同じく略装服
11　レジオン・ド・ヌール勲章「グランテグル（大鷲章）」星章。中央部は金属、周囲は刺繍製
12　勲章の大綬の末端部
13　司令長官・元帥用の儀礼剣。1812年制定

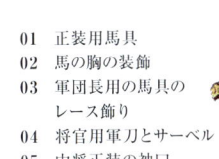

01 正装用馬具
02 馬の胸の装飾
03 軍団長用の馬具の
　　レース飾り
04 将官用軍刀とサーベル
05 中将正装の袖口
06 略装上衣の裾の装飾
07 ベルトプレート
08 ボタン

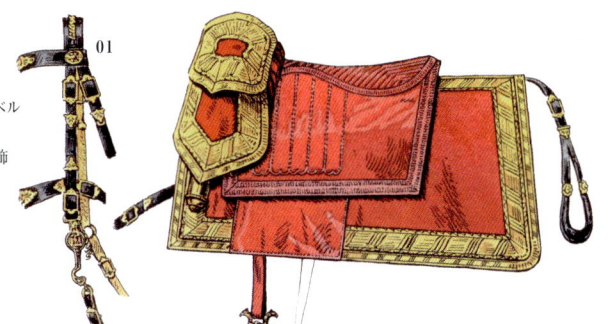

a サッシュ
b 正肩章
c 軍団長のバルドリック
d 帽子のループ
e 刀緒
f 正装の太い刺繍
g 正装の細い刺繍
h ベルトの刺繍
i 帽子のレース飾り

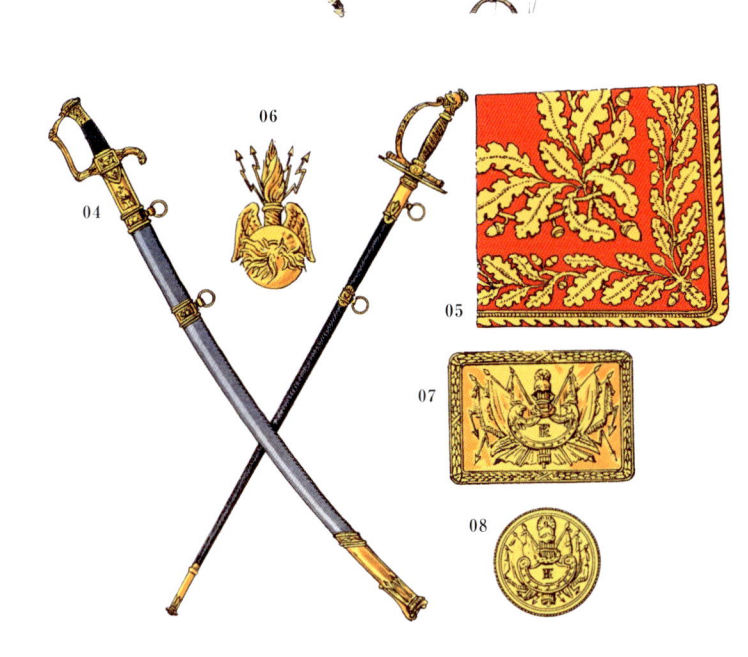

137

09 騎乗略装の中将
10 マントー姿の将官
11 徒歩時の軍団長。規定通りの服装
12 活動的勤務時の中将正装
13 大外套を着た中将

01 徒歩時の少将正装
02 騎乗時の軍団長正装
03 活動的勤務時の中将正装
04 徒歩時の中将略装
05 略装上衣を着た少将
06 騎乗時略装の参謀少佐
07 ケープ姿

08 参謀上衣の裾に入る上半分が雷光形の刺繍	11 腰のボタン周りの刺繍	a 参謀のベルトプレート	e 参謀のボタン	i 参謀補佐の正肩章
09 ボタン穴の刺繍	12 幕僚用サーベル	b 参謀の帽子の円形章ループ	f 参謀の帽子の縁の装飾	j 参謀補佐の刀緒
10 規定通りのブラサール（副官用腕章）	13 幕僚用軍刀	c 参謀の正肩章	g 参謀補佐のベルトプレート	k 参謀補佐のボタン
	14 副官。1809年	d 参謀の刀緒	h 参謀補佐の帽子の円形章ループ	l 参謀補佐の帽子の縁取りの装飾

15 少将付き副官。1810〜12年
16 軍団長付き副官の正装
17 中将付き副官の勤務服
18 副官。1813年
19 副官。1813年

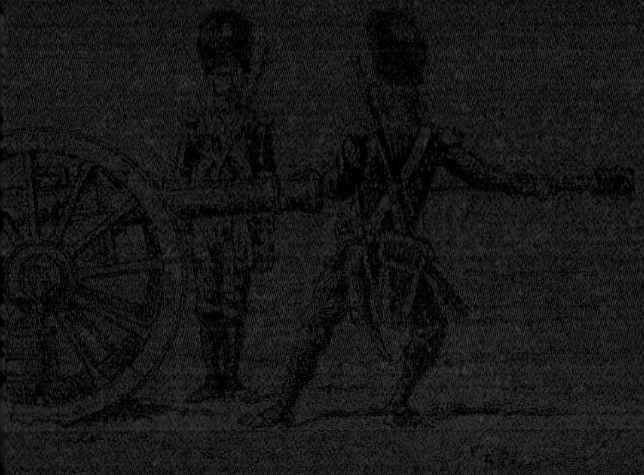

皇帝親衛隊の章
歩兵　騎兵　砲兵
海兵　工兵　支援部隊

Imperial Guard

Infantry　Cavalry　Artillery　Marines　Engineers　Auxiliary Corps

皇帝親衛隊

皇帝親衛隊歩兵 Imperial Guard Infantry

革命暦8年フリメール7日（1799年11月28日）に執政官親衛隊が創設され、革命暦12年フロリアル28日（1804年5月18日）に、同隊は皇帝ナポレオンの皇帝親衛隊となった。皇帝親衛隊の歩兵には、親衛擲弾歩兵、親衛猟歩兵、親衛フュージリアがあった。

親衛擲弾歩兵は初め2個大隊で発足し、変遷を経て15年には4個連隊編成に拡大した。

彼らの制服は青い上衣で同色の立ち襟があり、袖口、ポケットのパイピング、裾の折り返しは真紅だった。折り襟、袖口パッチは白色、正肩章は赤色だった。黄色いボタンには「執政官親衛隊 Garde des Consuls」と「フランス共和国 Republique Française」の文字があった。白い半ズボンを穿き、パレード用に白ゲートル、野戦・行軍用に灰色ゲートル、礼装用には黒ゲートルを脚に巻いた。帽子は熊毛帽で、組みヒモ、真鍮製の擲弾徽章付き帽章、赤い羽飾りと円形章が付いていた。1800年の規定によれば、正肩章のフリンジは赤で、本体部と肩章留めストラップも赤く、白い縁取りがあった。上衣の裾のカットは後に微妙に変更され、10年以後は折り襟が大きくなって、ウエストコートの丈はやや短くなった。1802年になると、略装用シングル上衣が導入されている。この上衣の前合わせにはボタンが7個付いていたが、06年に8個、07年以後は9個になった。1802〜03年には、従来の羊毛製に代わって、赤い房飾りの付いた白い革製刀緒が登場している。帝政期に入った04年、ボタンと帽章の図柄が帝国鷲章に変更され、同じ頃、行軍用の灰色ゲートルを勤務中に使用することが許可された。05年に、半ズボンの上に重ね着する青い行軍用オーバーオールが採用された。擲弾兵連隊では06年から皆、髭を剃らなくなり、07年には髭面が普通になった。金のイヤリングも制服の一部のようになったので、配属された新兵は耳たぶに穴を開け、高価なイヤリングを買うために出撃を重ねたがった。外出用の二角帽は年次により装飾線が増えた。これは行軍や野戦でも着用されたが、1809年、ドナウ川をロバウ*で渡河する際、彼らは行軍でも熊毛帽を被ることを選び、二角帽を川に投げ捨てて以来、あまり被らなくなった。

擲弾兵各自は、2着の上衣、2着のウエストコート、半ズボン2本、略帽、靴1足、黒ゲートル1組、白ゲートル2組、ポンポンと円形章付きの二角帽、靴下1組、ガーター、帽章付き熊毛帽と付属の羽飾りおよび飾りヒモ、擲弾用弾帯、銃吊り——などを所有した。

親衛猟歩兵は、1800年1月に親衛擲弾歩兵大隊に付属する軽歩兵中隊として創設された。その後、大隊規模に増強、2個大隊編成、軍団編成、2個連隊編成と組織替えを繰り返し、11年以後は1個連隊となった。百日天下**の際には4個連隊に増強されている。猟歩兵は擲弾歩兵の陰に隠れて絵画資料も多く残されず、不明な点が多い。青い上衣は同色の立ち襟で、ボタン留めの白い折り襟、袖口は、白い縁取り付きの赤い1点折り返し、ポケットには赤いパイピングがあり、肩に緑の正肩章を着用した。赤い裾の折り返しには、前部に狩猟用角笛、後部に擲弾徽章が付けられていた。熊毛帽は帽章を付けず、先端が赤い緑の羽飾りを付け、2個のラケット（組みヒモ装飾）をぶら下げた白いヒモが付属していた。

親衛フュージリア連隊は1806年10月に2個大隊（各4個中隊）で編成され、新兵は身長1.68m以上が求められた。13年末には各大隊は6個中隊となった。フュージリア猟兵は赤い三日月部（クレセント）とフリンジを持つ緑の正肩章を着け、裾の折り返しには白い鷲章があった。フュージリア擲弾兵は初め青い肩章だったが、1809年からは赤い線2本が入った白い正肩章を用いるようになった。

＊ロバウ：オーストリア、ウィーン近くの地名。オーストリア軍が橋をすべて破壊したため、フランス軍は渡河に非常に苦労した。　＊＊百日天下：ナポレオンが一度、退位した後、帝位に復活。ワーテルローで敗れて完全に退位するまでの100日ほどの期間。

| 親衛擲弾歩兵 | 親衛猟歩兵 | 親衛フュージリア |

親衛擲弾歩兵
Foot Grenadiers of the Guard
P.146-150

親衛猟歩兵
Foot Chasseurs of the Guard
P.151-153

親衛フュージリア
Fusiliers of the Guard
P.154-157

Imperial Guard
Foot Grenadiers of the Guard

親衛擲弾歩兵

01、02　執政官親衛隊の擲弾兵。
　　　 1801〜04年
03　夏の外出着姿の軍曹。1811〜15年
04　活動的な勤務時のシングル合わせ
　　 上衣の服装。1806年
05　勤務服の伍長。1809年
06　行軍仕様の擲弾兵。1812〜14年
07　パレード服の擲弾兵。1804〜15年
08　親衛隊歩兵のマスケット銃

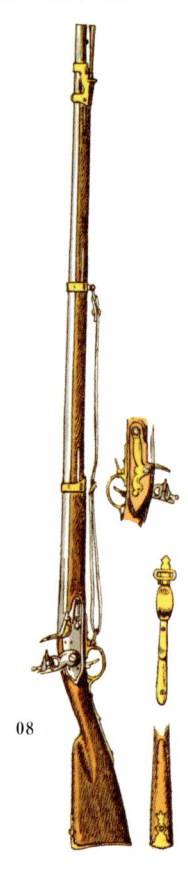

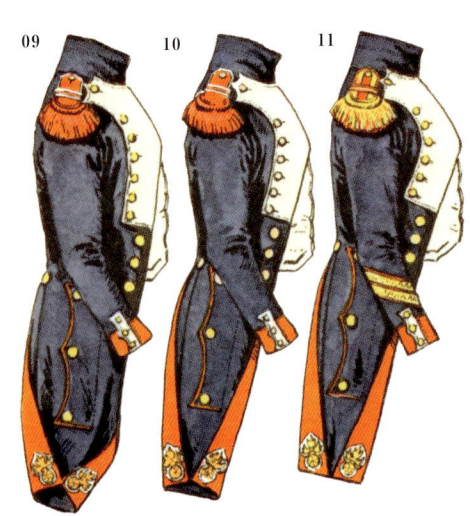

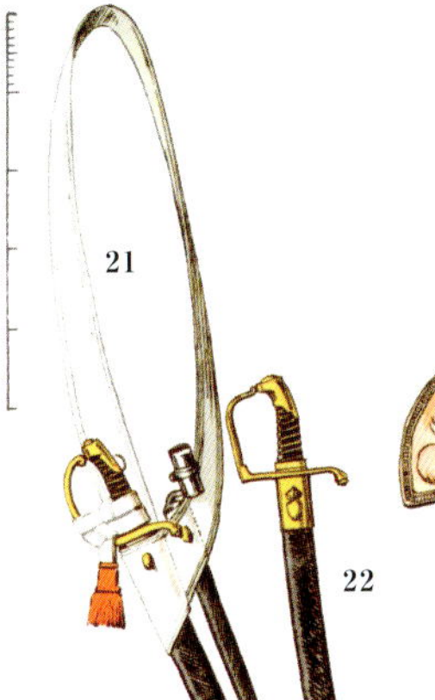

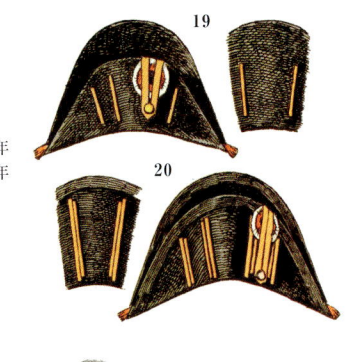

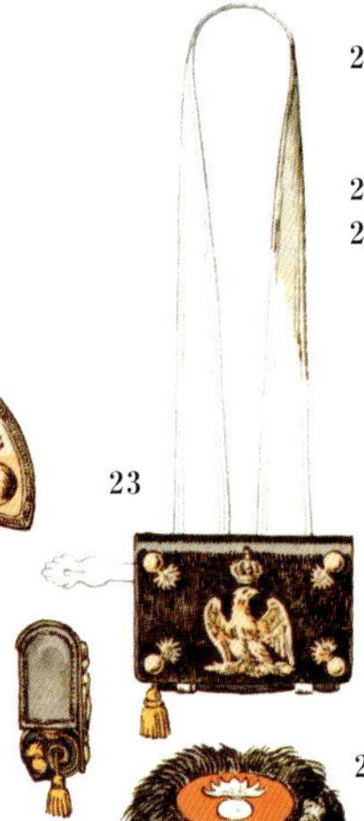

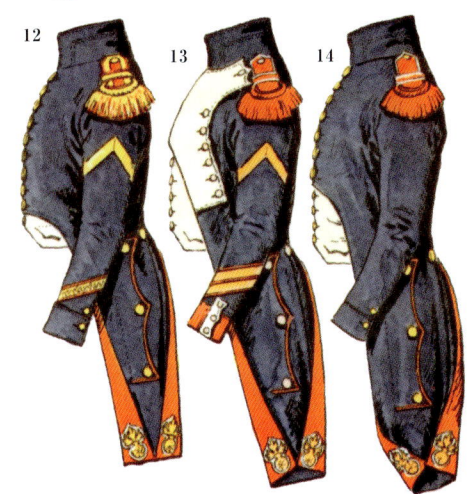

09	擲弾兵上衣。1801～08年
10	擲弾兵上衣。1808～10年
11	軍曹上衣。1811～15年
12	伍長シングル上衣。1811～15年
13	兵長上衣。1808～10年
14	擲弾兵シングル上衣。1802～06年
15	執政官親衛隊ボタン
16	皇帝親衛隊ボタン
17	帽章。1801～04年
18	皇帝親衛隊帽章。実寸216㎜
19	擲弾兵帽子。1804～11年
20	擲弾兵帽子。1811～15年
21	バルドリックとサーベル。1803～15年
22	執政官親衛隊サーベル
23	皇帝親衛隊弾盒と丸めた略帽
24	円形章ポンポン。1808～11年。実寸51㎜
25	帽子の頂部
26	熊毛帽の横、正面、後ろ

| 01 | 作業服の擲弾兵
| 02 | 青い長ズボンの野戦服
| 03 | 大外套姿。1804〜12年
| 04 | 冬の外出着
| 05 | 略装上衣外出着の工兵。1810〜14年
| 06 | 完全装備外出着の鼓手
| 07 | 野戦服の鼓手。1810〜14年
| 08 | 略装上衣外出着の鼓手。1803〜10年
| 09 | 略装の鼓手長。1812〜14年
| 10 | 略装の軍楽兵。1810〜14年

01　工兵。1802年
02　正装の鼓手長。1802年
03　正装の鼓手。1804～05年
04　正装の軍楽兵。1802～03年
05　工兵。1808～09年
06　正装の軍楽兵。1810～11年

07　工兵の斧
08　工兵のサーベル。1805～14年
09　工兵のサーベル。1810～14年
10　工兵用サーベルに付く「メデューサの頭」
11、12　斧の徽章。正装用と略装用。
13　正装の工兵。1810～14年
14　野戦服の鼓手　1806～07年
15　鼓手長。1810年
16　野戦服の工兵。1806～07年
17　シンバル卒。1802年

Imperial Guard
Foot Chasseurs of the Guard
親衛猟歩兵

01 正装。1804年
02 略装上衣の野戦服。
   1806～07年
03 外出着
04 行軍仕様の伍長。
   1808～09年
05 大外套の野戦服。
   1813～15年
06 正装の伍長。
   1806～15年

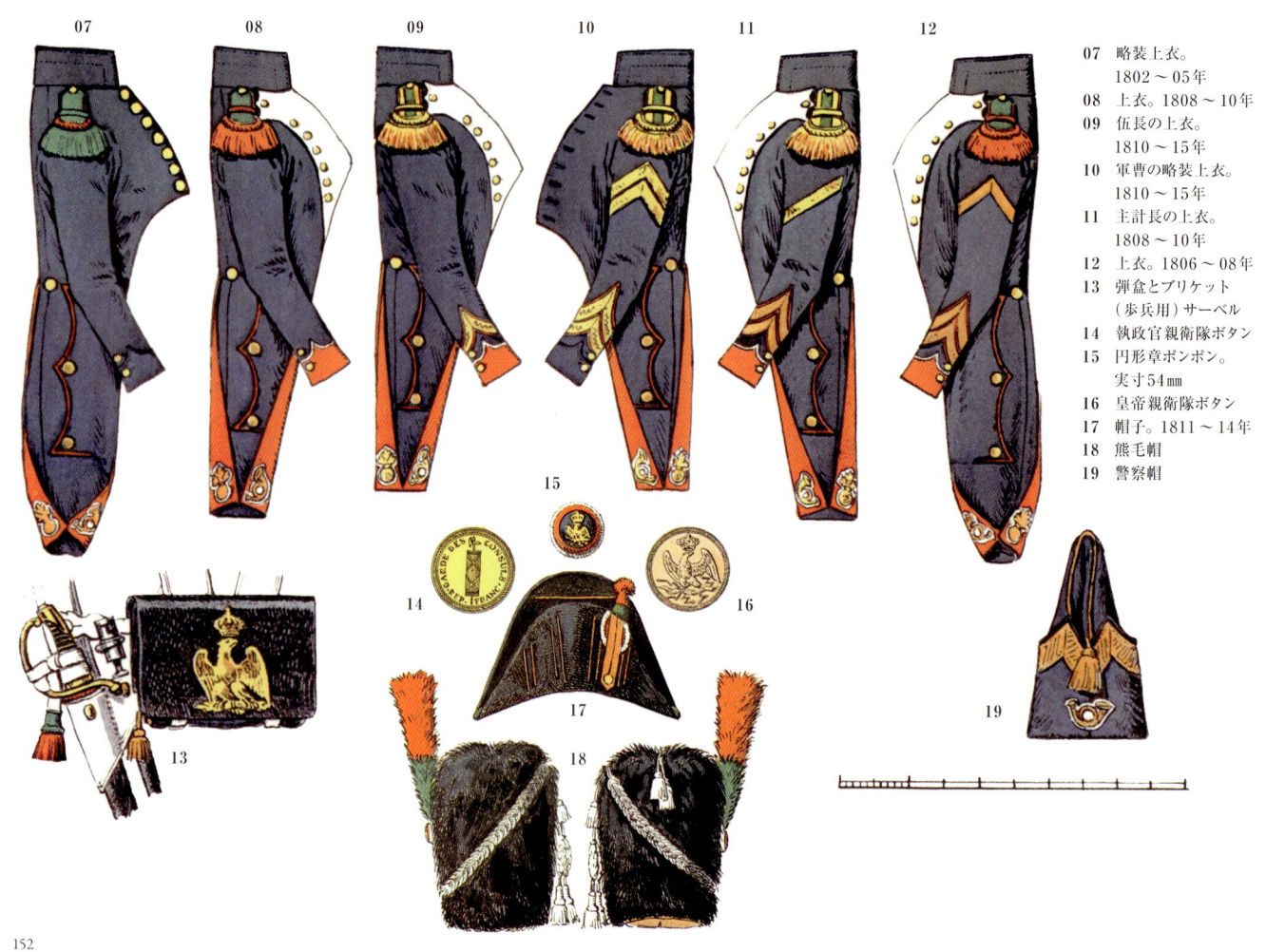

07 略装上衣。
1802～05年
08 上衣。1808～10年
09 伍長の上衣。
1810～15年
10 軍曹の略装上衣。
1810～15年
11 主計長の上衣。
1808～10年
12 上衣。1806～08年
13 弾盒とブリケット
（歩兵用）サーベル
14 執政官親衛隊ボタン
15 円形章ポンポン。
実寸54mm
16 皇帝親衛隊ボタン
17 帽子。1811～14年
18 熊毛帽
19 警察帽

20 正装。1801～05年
21 大外套をまとった外出着。1806～12年
22 略装の軍曹。1810～15年
23 行軍時。1815年
24 下士官用熊毛帽の飾りヒモの細部
25 裾の折り返しの徽章
26 下士官用熊毛帽のラケット（装飾）の細部

Imperial Guard
Fusiliers of the Guard

親衛フュージリア

01　フュージリア擲弾兵。
　　1806〜07年
02　フュージリア猟兵。
　　1807〜08年
03　フュージリア擲弾兵
　　下級将校。1809〜13年
04　フュージリア擲弾兵
　　兵長。1809〜13年
05　フュージリア擲弾兵鼓手。
　　1809〜13年
06　行軍時のフュージリア
　　擲弾兵。1813〜14年

154

07 フュージリア擲弾兵将校のシャコー帽
08 シャコー上部の刺繍
09 フュージリア猟兵将校のシャコーの刺繍
10 シャコーの鷲章
11 フュージリア擲弾兵の正肩章(エポレット)
12 フュージリア擲弾兵のシャコー

13　フュージリア擲弾兵。1807〜08年
14　フュージリア擲弾兵。1809〜10年
15　フュージリア擲弾兵上級将校。1809〜13年
16　フュージリア擲弾兵伍長。1809〜13年
17　フュージリア擲弾兵。1813〜14年
18　フュージリア猟兵。1809年

19 フュージリア猟兵。1809～10年
20 フュージリア猟兵。1810～14年
21 フュージリア猟兵下級将校
22 兵営服のフュージリア擲弾兵
23 フュージリア擲弾兵軍楽兵
24 フュージリア猟兵鼓手

皇帝親衛隊

皇帝親衛隊騎兵 Imperial Guard Cavalry

　皇帝親衛隊の騎兵には、親衛ポーランド軽（槍）騎兵、親衛猟騎兵、親衛竜騎兵、親衛擲弾兵がある。親衛ポーランド軽騎兵連隊は1807年3月2日、4個大隊（各大隊は2個中隊）で創設され、09年末には槍を装備して親衛ポーランド槍騎兵連隊と改称した。

　ポーランド式上衣クルトカKurtkaと、頂部が四角い帽子チャプカCzapska（初期のものは高さ22cm、1808年からは20cm）を身に着けて、勤務服は濃青色で、立ち襟、折り襟、袖口、裾の折り返しは赤く、背中、袖、ポケットには赤いパイピングが入った。白と赤の三つ葉状飾緒、白と赤の正肩章を肩に着けていたが、1809年までは右肩に飾緒、左肩に正肩章で、同年末に槍を持つようになると、右肩に正肩章、左肩から飾緒を下げるようになった。ポーランド騎兵は皆、襟と袖口に銀色のレース飾りを付けていたようによく絵に描かれるが、実際には将校、ラッパ卒、下士官の一部だけがこの装備を付けていた。

　ポーランド騎兵将校の制服は、第1帝政期の軍服の中でも一際、華麗なものだった。基本的に一般兵士と同様の制服だが、より上質な素材を用い、折り襟と袖口、裾の折り返しに銀色のレース飾りを付けていた。階級で相違があると思われがちだが、実際には将校用刺繍の幅はどの階級でも同じだった。ただし、将官になるとレースの代わりにオークの葉の模様の刺繍になる。パレード用には白いクルトカが制定されていたが、実際にはほとんど使用されることはなく、大佐や上級将校が特別な儀礼で身に着けただけだと思われる。

　1810年にオランダ近衛兵が、ナポレオンの皇帝親衛隊に編入されて第2軽槍騎兵連隊と命名され、赤い制服のため「赤い槍騎兵＝ランシェ・ルージュLancier rouge」の通称で知られた。ポーランド騎兵の制服と同様だが、赤い上衣の立ち襟、折り襟、袖口、裾の折り返しは青色で、各所にパイピングが入っていた。飾緒は黄色で、当初から左肩に着けた。飾緒は当時、一般に肩からそのままぶら下げるのが普通だったが、赤い槍騎兵は腕の下に通して下げていた。右肩には、青いクレセントを持つ黄色い正肩章を着けていた。

　親衛猟騎兵は1800年1月、ボナパルト司令官嚮導隊＊を基に中隊規模で発足、翌年には2個大隊を有する連隊になった。初期の服装は嚮導隊の頃のまま、帽子をカルパック（熊毛帽）に替えたもので、緑の上衣、曙光色（明るいオレンジ）の飾緒、飾りヒモ付きの赤いウエストコート、曙光色のレース飾りが付いた緑のズボンだった。数か月後には、この服装は外出用や司令部勤務用の服装に限定され、ユザール（ハンガリー軽騎兵）風のものが正式となった。それは赤い肩掛けのブリス、緑のドルマン（肋骨式上衣）、赤いズボン、サーブルタッシュ（刀囊）といったものだ。刀囊とシャブラーク（鞍掛け布）の狩猟角笛の徽章は、帝政期に入ると帝国鷲章に置き換えられた。将校はボタンや刺繍が金色だった。

　親衛竜騎兵は1806年4月に創設された。緑の上衣は白い折り襟で、白い3点フラップ付きの袖口は赤く、赤い裾の折り返しには、白い台布で曙光色の擲弾徽章が刺繍され、曙光色の正肩章と飾緒を肩に着けた。「ミネルヴァ型」で知られる兜は真鍮製で、馬毛のたてがみと房飾り、模造品のヒョウ皮の鉢巻があり、パレードでは赤い羽飾りが加わった。たてがみは初め、兜のとさかの上部から生えていたが、帝政末期にかけて下部に付くようになった。鞍掛け布は緑色で赤い縁と曙光色の線があり、3段式拳銃ホルスターを備えていた。

　親衛擲弾騎兵は1804年に設立された。青い上衣に白い折り襟、白い3点パッチ付きの赤い袖口、赤い裾の折り返しに白地に曙光色の擲弾徽章があった。右肩に曙光色の飾緒、両肩に同色の三つ葉形肩章を着けたが、06年ごろから略式肩章が見られるようになった。

＊嚮導隊：敵陣の奥まで強行偵察するエリート部隊。

| 親衛ポーランド軽槍騎兵 | 親衛猟騎兵 | 親衛竜騎兵 | 親衛擲弾騎兵 |

親衛ポーランド軽槍騎兵
Polish Light Horse
P.160-173

親衛猟騎兵
Chasseurs a Cheval
P.174-182

親衛竜騎兵
Dragoons of the Imperial Guard
P.183-187

親衛擲弾騎兵
Mounted Grenadiers
P.188-191

Imperial Guard
Polish Light Horse

親衛ポーランド軽槍騎兵

01 伍長。1807〜09年
02 騎兵。1807〜09年
03 槍騎兵。1810〜12年
04 カラビニエール騎兵。
　　1813〜14年
05 袖ありクローク。
　　1810〜14年

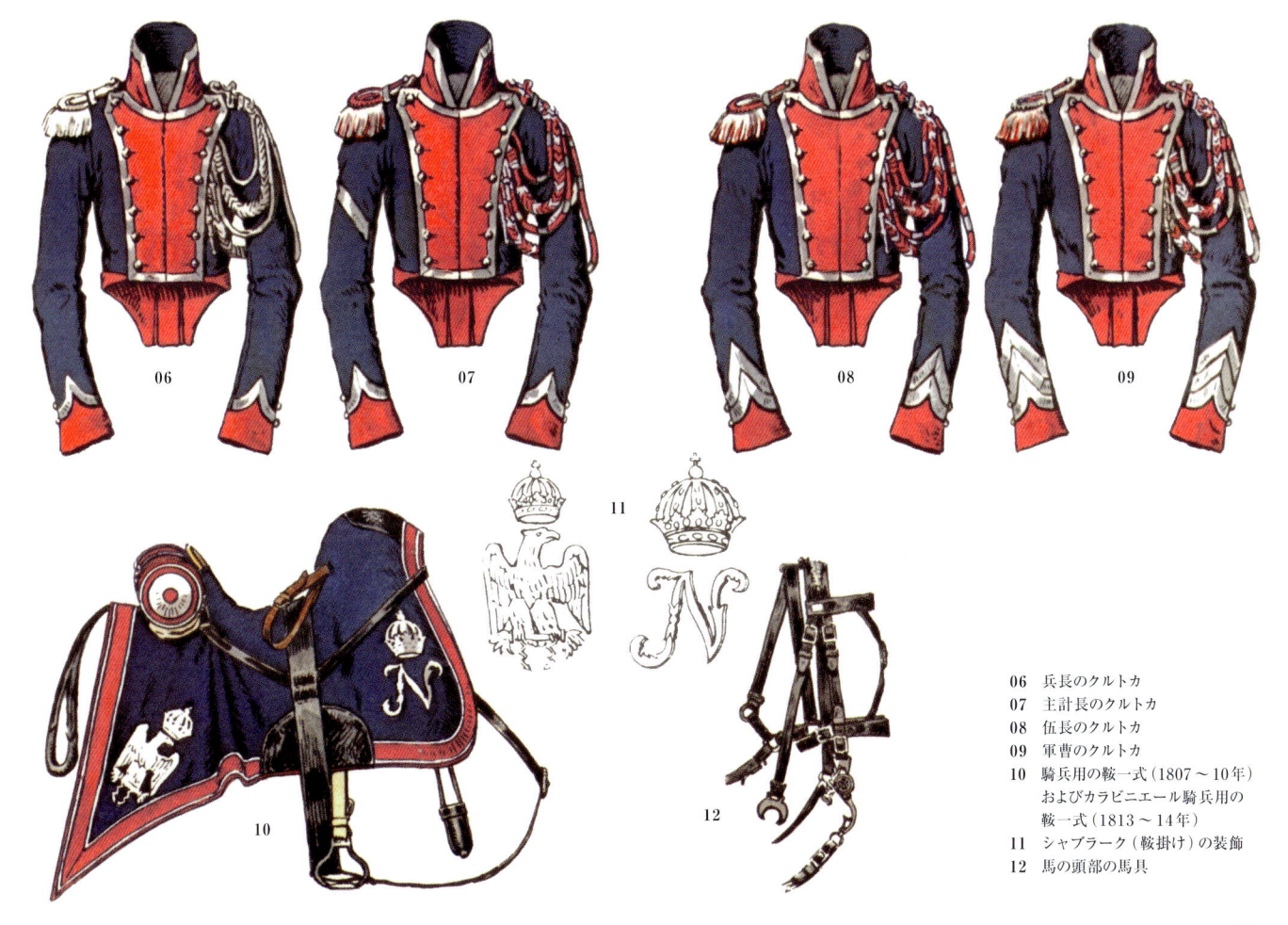

06 兵長のクルトカ
07 主計長のクルトカ
08 伍長のクルトカ
09 軍曹のクルトカ
10 騎兵用の鞍一式（1807〜10年）およびカラビニエール騎兵用の鞍一式（1813〜14年）
11 シャブラーク（鞍掛け）の装飾
12 馬の頭部の馬具

13　騎兵用クルトカの後ろ姿
14　騎兵のチャプカ帽。
　　装飾品を付けた前部と、省いた側面図
15　クルトカの前面
16　銃剣用の鞘付きベルトと
　　親衛猟兵用サーベル
17　パレード用オーバーオール
18　伍長と主計長の正肩章と飾緒
19　軍曹用の正肩章と飾緒
20　カービン銃を武器とする騎兵の装備

01 パレード礼装の上級将校。
   1807〜14年
02 パレード礼装の大佐。
   1807〜10年
03 勤務服の下級将校。
   1807〜14年
04 野戦服の下級将校。
   1810〜14年

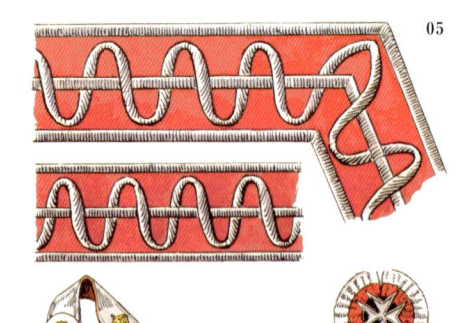

05 クルトカの刺繍
06 将校用小物入れ
07 チャプカの円形章。実寸74mm
08 上級将校の礼装用軍刀
09 下級将校のシャブラーク。実寸1274mm
10 シャブラークの装飾。実寸144mm
11 パレード用装飾付き馬勒一式
12 上級将校用チャプカとその刺繍
13 礼装上衣
14 将校のサッシュ（腰帯）

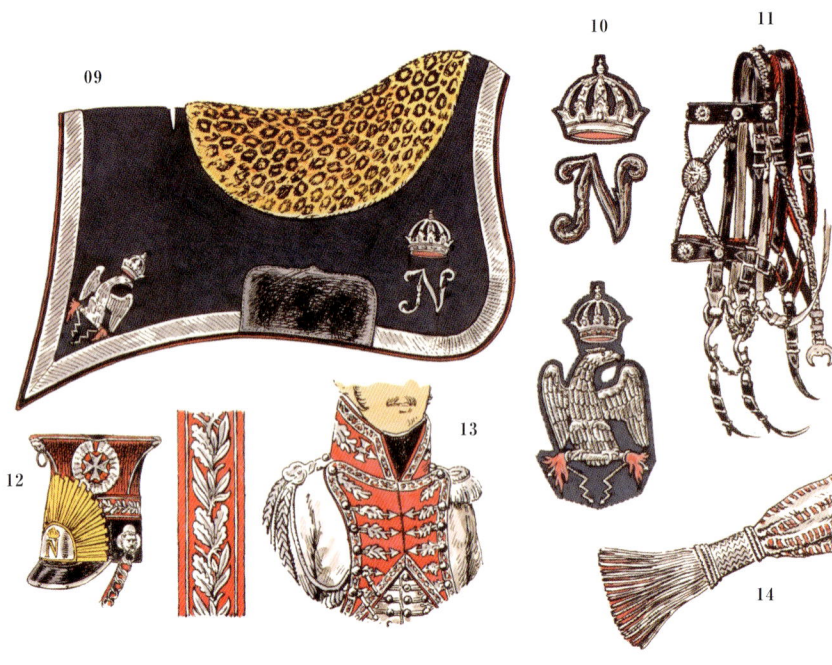

15 社交服姿の下級将校。1807～08年
16 外出着の将校。1810～14年
17 外出着の上級将校
18 コートをまとい、規定外のブーツを履いた将校。
   1812～13年
19 大外套の将校
20 略装上衣の将校
21 将校用軍刀とサーベル

01 正装のラッパ卒。1807〜10年
02 行軍時のラッパ卒。1807〜10年
03 正装のラッパ卒。1810〜14年
04 通常勤務服のラッパ卒。1810〜14年

05 12の図のラッパ用旗の表面
06 ラッパ用旗の表面
07 その裏面

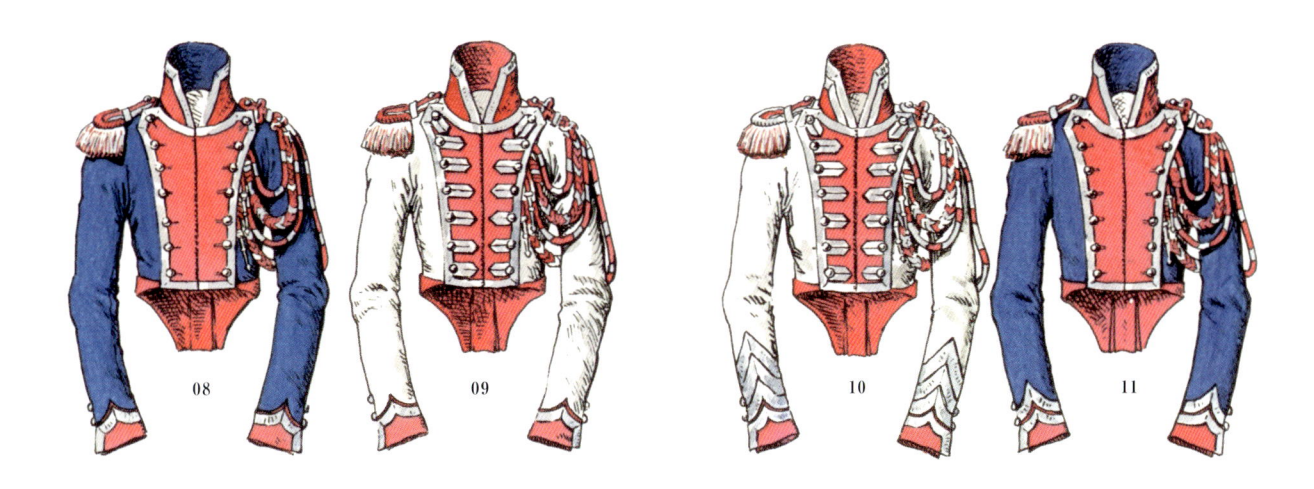

08 略装用クルトカ。1810〜14年
09 正装用クルトカ。1810〜14年
10 ラッパ長の正装用クルトカ。
   1810〜14年
11 ラッパ卒の略装用クルトカ。
   1810〜14年
12 正装用ラッパの旗(裏面)。
   1811〜14年
13 ラッパ卒のチャブカ。
   1810〜14年
14 正装用シャブラーク。
   1808〜14年

15 行軍時のラッパ卒。1810〜14年
16 大太鼓手。1811〜14年
17 兵営服の軽槍騎兵

Imperial Guard
2ND. Regiment of the Light Horse Lancers

第2軽槍騎兵連隊

01 軽騎兵。1811年初め
02 パレード装の軽騎兵。1811年後半
03 行軍用ウエストコート
04 伍長正装
05 夏の行軍服を着た軽騎兵
06 外套を着た騎兵

07	クルトカの後ろ姿。1811〜13年
08	騎兵の正肩章
09	クルトカの細部。1813〜15年
10	下士官のクルトカ。1811〜15年
11、12	騎兵のチャプカ。1811〜13年
13、14	下士官の飾緒と正肩章
15	新参大隊のチャプカ。1813〜14年
16	騎兵の馬具
17	新参大隊の騎兵
18	新参大隊の軽槍騎兵。1813〜14年
19	軽装兵(原語はVelite。各大隊に付属する軽装備の兵士の中隊に属する)。1811〜13年

01 勤務服のラッパ卒。1812年
02 行軍時のラッパ卒。1812年
03 パレード服のラッパ卒。1812〜14年

04、06　ラッパの旗の表と裏
05　将校用チャプカ
07　少佐。1811～12年
08　行軍時のラッパ卒。1813～14年
09　モスクワ戦役での将校。1812年

10 パレード装の副官大尉
11 夜会服の将校
12 略装上衣の将校
13 行軍時の将校。1812～14年

Imperial Guard
Chasseurs a Cheval
親衛猟騎兵

01 猟騎兵正装。1800年
02 ユサール型正装。1801〜02年
03 夏の通常勤務服
04 正装
05 正装の伍長

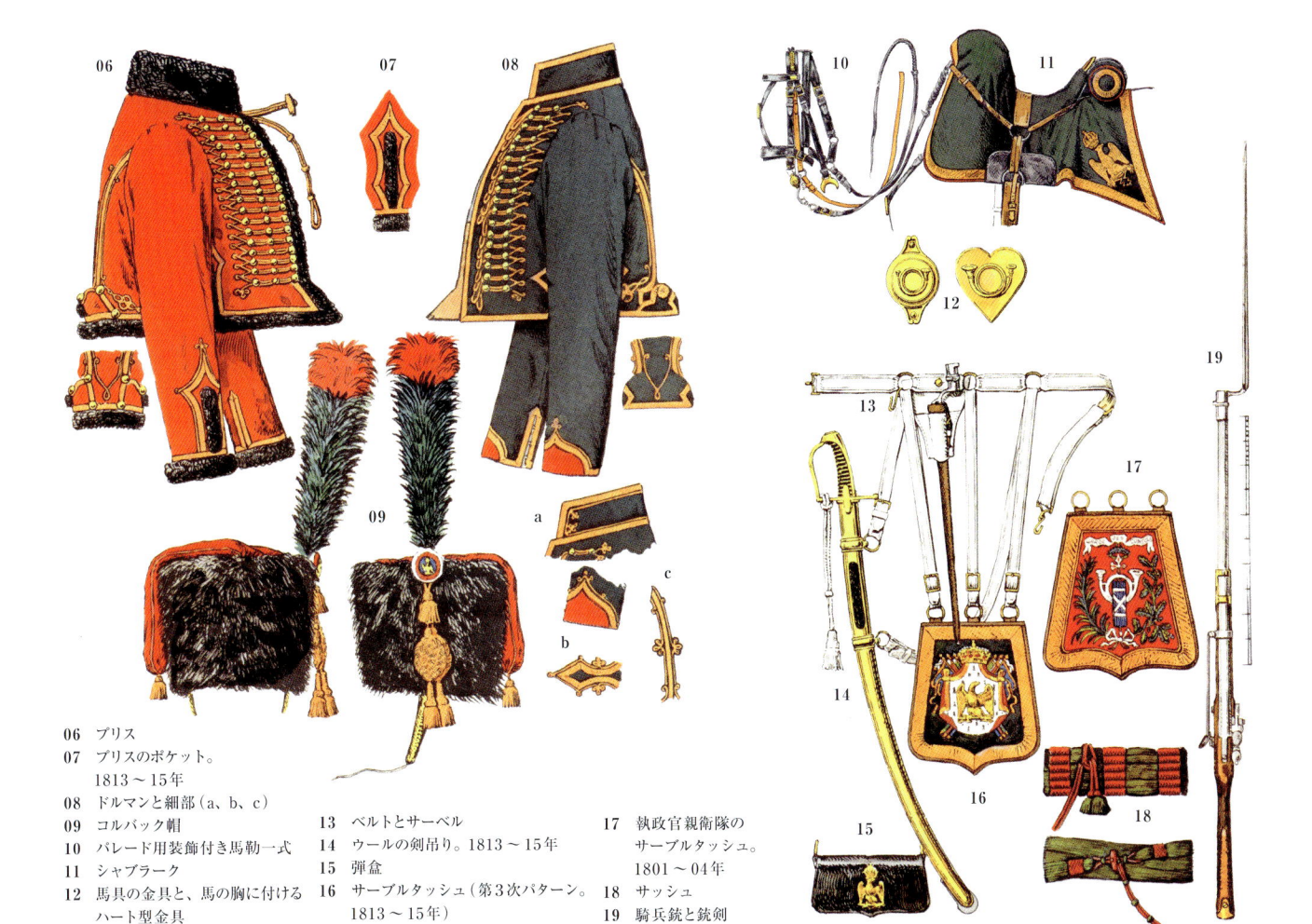

06 プリス
07 プリスのポケット。
   1813～15年
08 ドルマンと細部（a、b、c）
09 コルバック帽
10 パレード用装飾付き馬勒一式
11 シャブラーク
12 馬具の金具と、馬の胸に付ける
   ハート型金具
13 ベルトとサーベル
14 ウールの剣吊り。1813～15年
15 弾盒
16 サーブルタッシュ（第3次パターン。
   1813～15年）
17 執政官親衛隊の
   サーブルタッシュ。
   1801～04年
18 サッシュ
19 騎兵銃と銃剣

20 野戦服。1806〜07年
21 ドルマンの野戦服。1812〜13年
22 野戦服。1813〜14年
23 外套
24 新参大隊の正装。1815年
25 コルバックの飾り。実寸69mm
26 下士官の三つ葉形肩章
27 騎兵の飾緒と三つ葉形肩章
28 ハンガリー式乗馬ズボンの装飾
29 下士官の帽子と上衣およびウエストコート
30 裾の角笛徽章。実寸44mm
31 略帽
32 騎兵のウエストコートの細部

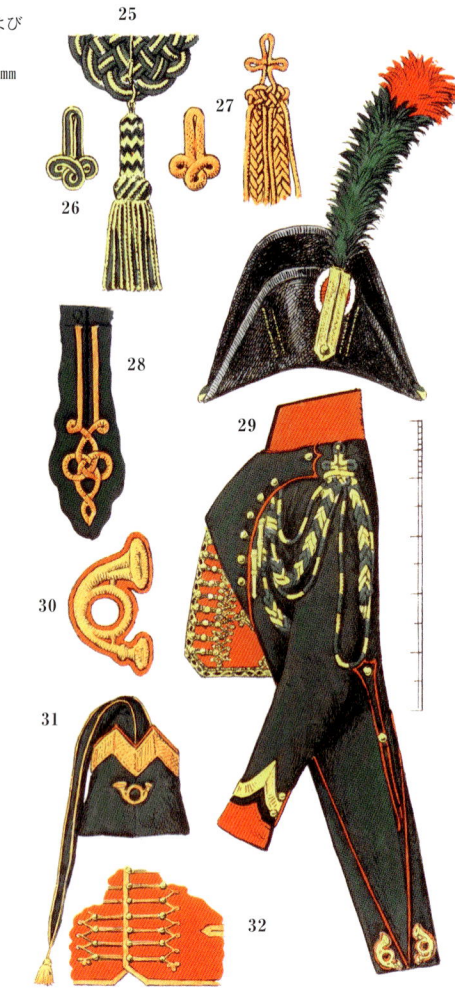

33 伍長のドルマンの袖口
34 ヒモ飾りの細部
35 伍長のプリスの細部
36 騎兵用サーブルタッシュの装飾
37 円形章ポンポン。実寸54mm
38 野戦服。1800年
39 プリス付き野戦服。1808年
40 着脱式ケープを着けた荒天時の服装。1806〜07年
41 休日の外出着
42 新参大隊の野戦服
43 コートの外出着

01 正装の将校。1800年
02 冬季正装の大尉。1801〜02年
03 正装の中尉。1805〜15年
04 社交服姿の将校
05 外套をまとった朝の服装の将校

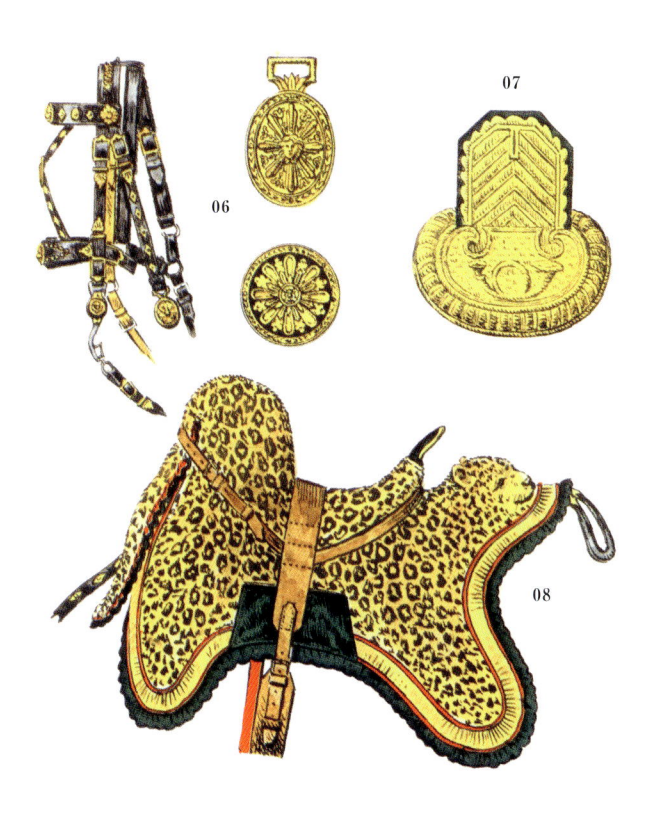

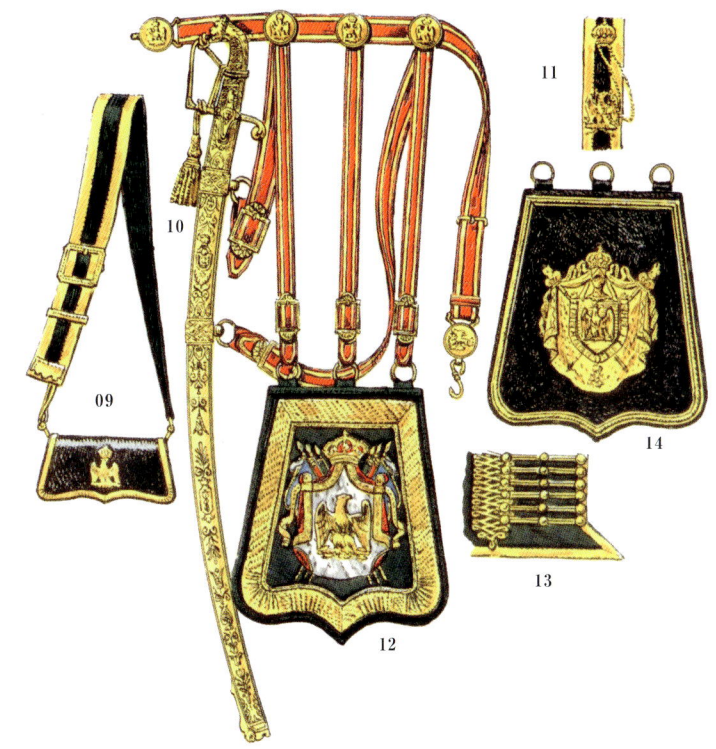

06 馬勒と馬ののどから下げる装飾
07 フリンジを付けない側の将校用正肩章
08 正装用シャブラーク（鞍掛け）と胴帯の飾り
09 小物入れと肩帯
10 上級将校のパレード用サーベル
11 肩帯の装飾
12 サーブルタッシュ（刀嚢）とベルト
13 ドルマンのヒモ飾りの細部
14 略装用サーブルタッシュ

15 野戦服の大尉。
   1812～15年
16 平日の外出着の将校
17 休日の外出着の中尉。
   1801～04年
18 略装勤務服の少佐

01 ラッパの旗。1804～06年
02 パレード用シャブラークの細部。1804～05年
03 サッシュ（腰帯）の細部。1809年以後
04 金色が交じるウールの飾りヒモ。パイピング、角紐、平紐

05 野戦服。1806～07年
06 冬季の休日用外出着をまとった兵卒
07 アビ（上衣）を着たラッパ長
08 アビを着た外出着のラッパ卒

09　野戦服。1813〜14年
10　正装。1808〜15年
11　野戦服。1812年

Imperial Guard
Dragoons of the Imperial Guard
親衛竜騎兵

01　正装の竜騎兵。1808〜14年
02　略装上衣の竜騎兵。
　　1806〜09年
03　訓練着の竜騎兵
04　正装の下級将校
05　略装上衣のラッパ卒

06 パレード装のラッパ卒。
   1807～14年
07 竜騎兵の上衣と警察帽。1809年
08 主計長の略装上衣と警察帽。
   1808年
09 鞍と馬勒。正装用鞍掛け布。
   1807年
10 将校用の鞍と馬勒。1807～14年

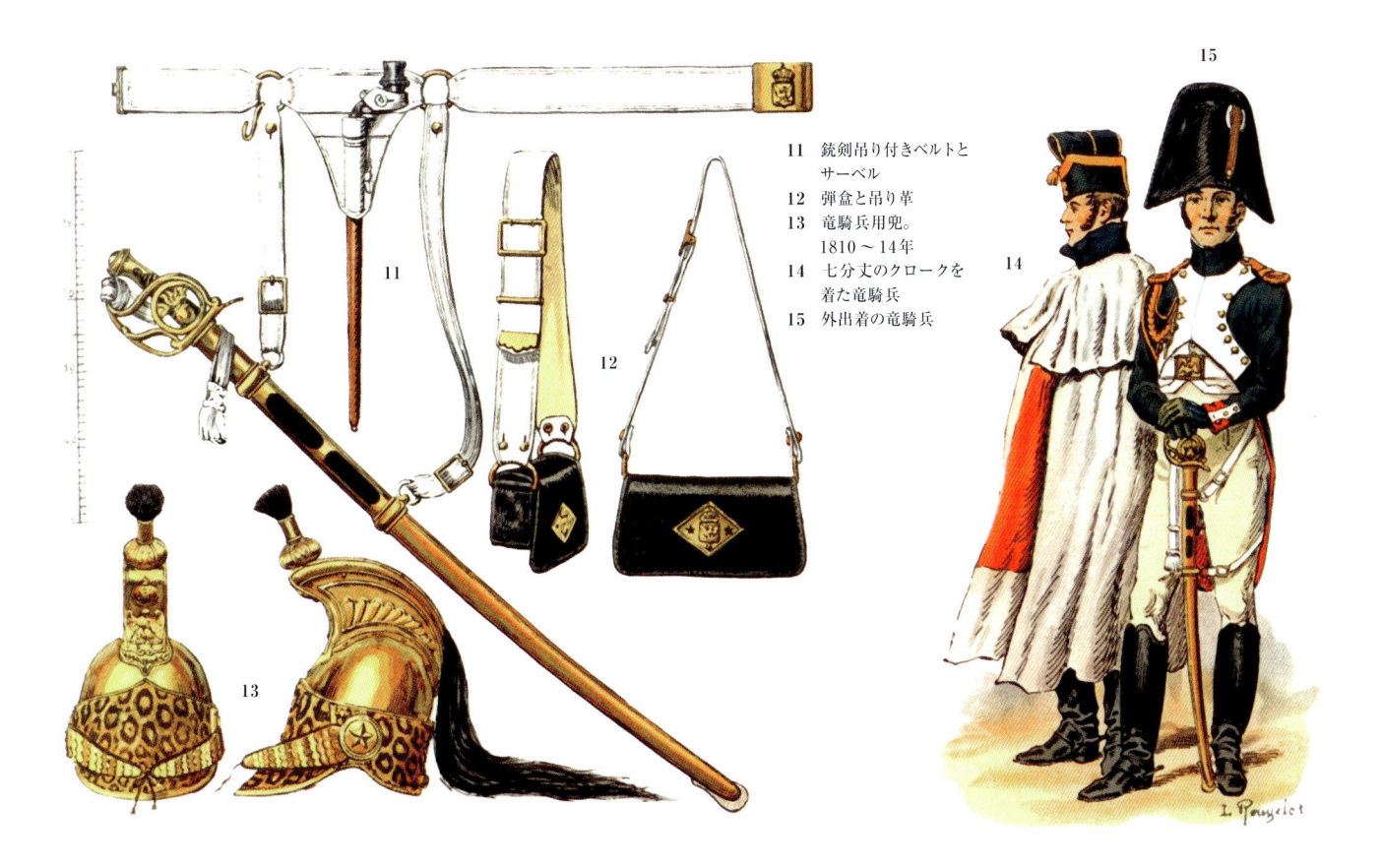

11 銃剣吊り付きベルトと
　 サーベル
12 弾盒と吊り革
13 竜騎兵用兜。
　 1810〜14年
14 七分丈のクロークを
　 着た竜騎兵
15 外出着の竜騎兵

185

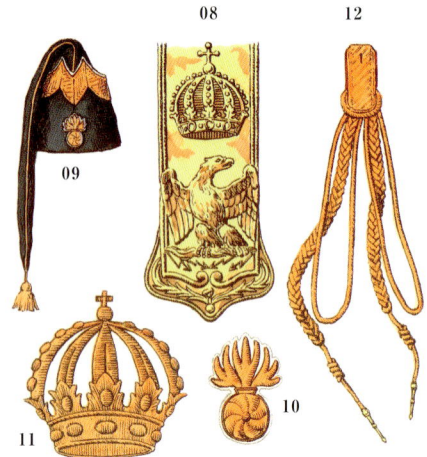

01 略装上衣のラッパ卒。1807～10年	05 弾盒のプレート	10 裾の擲弾徽章
02 正装の竜騎兵。1807～13年	06 ベルトのバックル	11 鞍掛け布の帝冠
03 正装のラッパ卒。1807～10年	07 竜騎兵の兜	12 肩章付き飾緒
04 クロークを着た竜騎兵	08 兜のとさか下部	
	09 警察帽	

13 外出着のラッパ卒。1807～10年
14 外出上衣の下士官
15 クロークを着た将校。 1807～08
16 フロックコート姿の下士官
17 作業着のラッパ卒
18 新参大隊の竜騎兵。1813年
19 歩哨用クローク姿の竜騎兵。1806～08年

187

Imperial Guard
Mounted Grenadiers

親衛擲弾騎兵

01 略装上衣の勤務服。1806〜07年
02 パレード装。1806年
03 活動的勤務用略装。1813〜14年
04 七分丈クローク。1805〜13年
05 略装の外出着。1809〜14年
06 3方向から見た熊毛帽
07 ケープ付きクローク。1813〜14年
08 冬季の略装上衣外出着。1807〜08年
09 作業着。1813〜14年
10 ベルギー作戦での服装。1815年

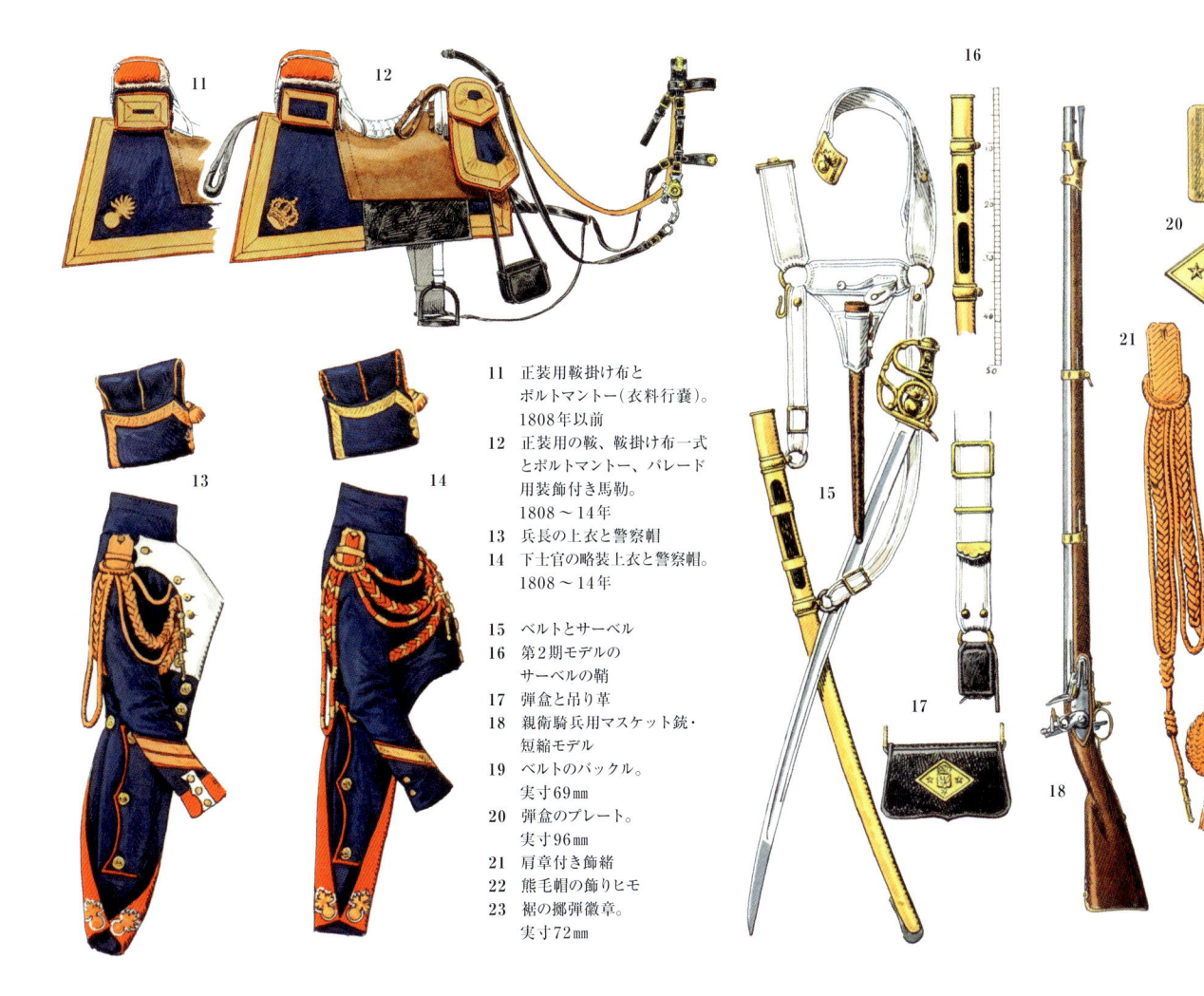

11 正装用鞍掛け布と
　 ポルトマントー（衣料行嚢）。
　 1808年以前
12 正装用の鞍、鞍掛け布一式
　 とポルトマントー、パレード
　 用装飾付き馬勒。
　 1808～14年
13 兵長の上衣と警察帽
14 下士官の略装上衣と警察帽。
　 1808～14年
15 ベルトとサーベル
16 第2期モデルの
　 サーベルの鞘
17 弾盒と吊り革
18 親衛騎兵用マスケット銃・
　 短縮モデル
19 ベルトのバックル。
　 実寸69mm
20 弾盒のプレート。
　 実寸96mm
21 肩章付き飾緒
22 熊毛帽の飾りヒモ
23 裾の擲弾徽章。
　 実寸72mm

01 勤務服のラッパ卒。1808〜15年
02 行軍仕様。1806〜07年
03 パレード装。1804〜09年
04 作業着
05 正装制服
06 正装用肩章付き飾緒。1809〜14年
07 略装上衣。1808年以後
08 大礼帽。1809〜14年
09 略装用鞍。1804〜08年

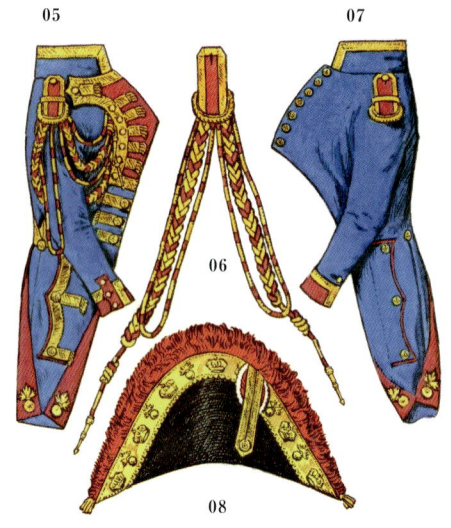

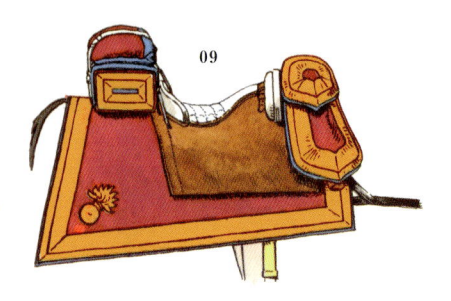

10 熊毛帽のヒモの平たいラケット（飾り）の細部
11 略装上衣。1808〜15年
12 ラッパの旗
13 正装用の鞍。1809〜14年
14 ハイブーツを履いた外出着。1808年以前
15 正装。1806〜07年
16 鼓手。1808〜12年
17 見習いラッパ卒
18 1808年以後の外出着

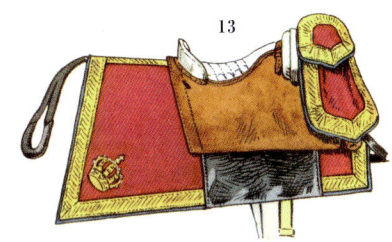

皇帝親衛隊

皇帝親衛隊砲兵 Imperial Guard Artillery

　皇帝親衛隊砲兵には、親衛徒歩砲兵、親衛騎馬砲兵、親衛牽引砲兵があった。革命暦8年フリメール7日（1799年11月8日）、執政官親衛隊に軽砲兵中隊が創設された。1808年4月12日、親衛徒歩砲兵連隊が6個中隊と1個架橋中隊*で編成された。親衛砲兵司令部は中将1人、少将1人、先任大佐1人、補佐の大佐、連隊本部は指揮官の中佐、2人の少佐、副官の大尉、2人の副官中尉という構成だった。中隊定数は4人の将校（指揮官の大尉、補佐の大尉、中尉、少尉）と6人の下士官（軍曹、4人の伍長、主計伍長）、78人の兵士（兵長4人、技術兵4人、1等砲兵20人、2等砲兵48人、鼓手2人）の計88人で、6個中隊では528人。架橋中隊は本部の10人（将校4人と下士官6人）のほか、4人の先任工兵伍長、1等工兵20人、2等工兵24人、工兵見習い24人、鼓手2人だった。

　親衛徒歩砲兵の服装は、正規軍の徒歩砲兵隊とほとんど変わりなく、見分けはシャコー帽の鷲章、弾盒の蓋や制服のボタン、皮革製品の縫製、赤い正肩章といった細部に限られた。しかし1810年5月、彼らは特徴的な形状のツバ付き熊毛帽を受領し、常に被るようになった。ただし、後で加わった新参中隊では従来のシャコーを被っていた。古参中隊の兵士は、後ろ髪をお下げ髪にしていた。彼らの制服は青く、立ち襟や折り襟も同色、袖口と、折り襟やポケットのパイピングは赤だった。裏地と裾の折り返しは赤で、裾に青い擲弾徽章が付いた。08〜10年の間、立ち襟は青一色で、袖口の3点パッチは青い縁取り付きの赤だったが、その後は立ち襟に赤いパイピングが付き、袖口パッチは赤一色になった。

　兵長は2本の曙光色の線を両袖に、1等砲兵は左袖だけに付けた。伍長は赤い縁取りのある金線1本を両袖に付け、永年勤続章の山形線は縁取りなしの金色だった。裾の擲弾徽章は金色、正肩章に入る線やクレセント（三日月形）も金色だった。軍曹になると赤縁の金線2本を両袖に付け、正肩章のクレセントは二重に、フリンジも金色だった。将校は同じような服装だが、金ボタンで、裾の擲弾徽章も輝きのある金色、正肩章は階級に応じた金色のものを用いた。勤務服では金メッキのゴルゲット（のど当て）を下げた。尉官は赤い羽飾り、連隊幹部将校は先端が赤い白の羽飾りを付け、金色の飾緒を右肩から下げた。1810年以後、白いバルドリック（タスキがけの剣帯）は黒い腰に巻くベルトに変更された。連隊指揮官である中佐の羽飾りが白一色だったか白と赤の2色だったかは確証がない。

　親衛騎馬砲兵連隊は1806年に3個大隊で創設され、08年に徒歩砲兵連隊が発足すると規模が縮小されたが、翌年には元に戻された。初期の服装は不詳だが、赤い袖口とパイピングのある青いドルマン（肋骨服）に、赤と黄色のサッシュ（腰巻き）、青いウエストコートなどだった。行軍や野戦では猟兵タイプの上衣を着用したが、赤い袖口とパイピング、赤い裾の折り返しがあり、青い擲弾徽章が裾にあり、黄色い金属ボタンで、赤い三つ葉形の飾緒を右肩に下げた。小さめのコルバック（熊毛帽）には赤い袋と房飾りを付けていた。

　親衛牽引砲兵は1800年9月に中隊規模で創設され、規模を拡大して13年2月には連隊に、4月には第2連隊も加わった。15年にわたって存在した割に資料は乏しく、初期はおそらく鉄灰色の肩章付き上衣で、折り襟、袖口、ポケットの縁取り、肩章と裾の折り返しおよび擲弾徽章は青色だった。04〜05年にかけて三つ葉形肩章が加わった。略装では06年から赤い縁取りの青い肩章を用いた。05〜06年の絵画資料で、砲手長は鉄灰色のクレセントを持つ赤いフリンジの正肩章を着けていたように描かれているが、確証はないがおそらく正しいだろう。シャコー帽もはっきりしないが、08年には採用されていたようである。

*架橋中隊（かきょうちゅうたい）：橋を架ける技術を持った工兵の中隊。

| 親衛徒歩砲兵 | 親衛騎馬砲兵 | 親衛牽引砲兵 |

親衛徒歩砲兵
Foot Artillery of the Guard
P.194-196

親衛騎馬砲兵
Mounted Artillery of the Guard
P.197-201

親衛牽引砲兵
Artillery Train of the Guard
P.202-207

Imperial Guard
Foot Artillery of the Guard
親衛徒歩砲兵

01　正装の伍長。1808〜10年
02　行軍仕様の1等砲兵。1808〜10年
03　架橋兵正装。1808〜10年
04　正装の砲兵。1810〜11年
05　正装の伍長。1812〜15年
06　コート姿の砲兵。1812〜14年

07 将校の実戦用サーベル
08 鋳銅製の弾盒プレート。
   1808～10年
09 シャコー帽章
10 刻印型の弾盒プレート。
   1810～15年
11 将校ゴルゲット
   (のど当て)の装飾
12 将校のフリンジが
   付かない側の正肩章
13 制服のボタン

14 新参親衛隊砲兵。1810～13年
15 外套を着た新参親衛隊砲兵。
   1812～13年
16 行軍時の新参親衛隊砲兵。1813年
17 行軍時の新参親衛隊砲兵。
   1813～14年

原注：15は槍を運ぶためのカバー、16は
(砲弾を破裂させる)信管のカバンと信管
抜き取り用ピンセットを持っている

18　外出着の古参親衛隊砲兵。
19　訓練着の古参親衛隊砲兵

原注：19は装薬用バッグを持っている

20　古参親衛隊砲兵少佐。1810～14年
21　略装上衣の下級将校。1810～14年
22　正装の下級将校。1808～10年

Imperial Guard
Mounted Artillery of the Guard
親衛騎馬砲兵

01、02　執政官親衛隊砲兵。1800年
03　野戦服の砲兵。1812〜14年
04　正装。1806〜07年
05　パレード装。第2次モデルの
　　サーブルタッシュを
　　下げている。

197

06 フロックコート姿の下士官。
　　1806〜15年
07 正装の砲兵
08 ドルマンでない上衣を着た
　　行軍仕様の下士官
09 外出着の砲兵

10 パレード用装飾付き馬勒と
　　馬具
11 サーブルタッシュの徽章。
　　実寸129㎜

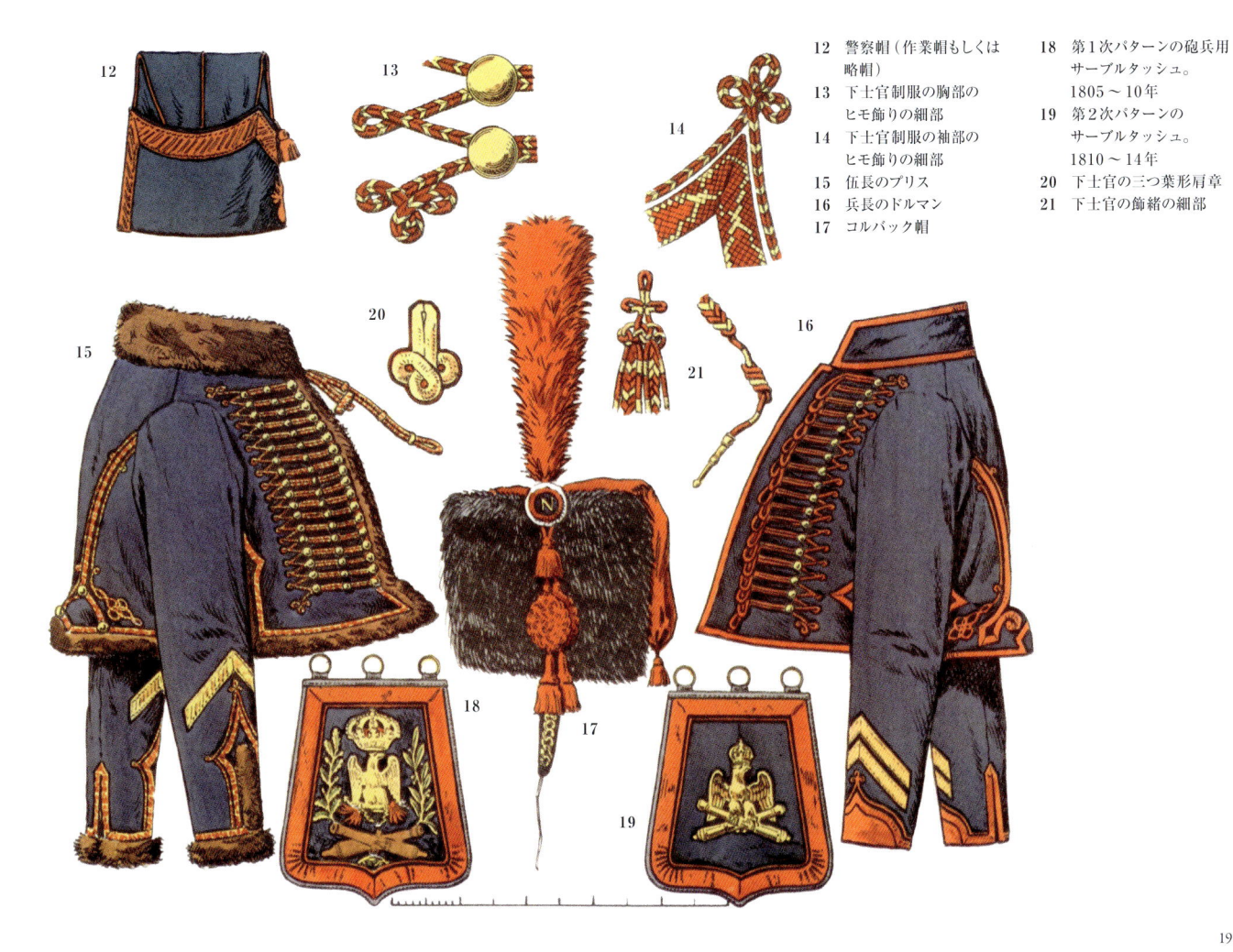

12 警察帽（作業帽もしくは略帽）
13 下士官制服の胸部のヒモ飾りの細部
14 下士官制服の袖部のヒモ飾りの細部
15 伍長のプリス
16 兵長のドルマン
17 コルパック帽
18 第1次パターンの砲兵用サーブルタッシュ。1805～10年
19 第2次パターンのサーブルタッシュ。1810～14年
20 下士官の三つ葉形肩章
21 下士官の飾緒の細部

01 小物入れベルトの装飾
02 将校用小物入れ
03 将校用ベルトの金具
04 小物入れベルトの装飾
05 将校のパレード用サーブルタッシュ
06 同じく略装用
07 略装のラッパ卒
08 野戦服のラッパ卒。1812～14年
09 正装のラッパ卒。1802～04年
10 正装のラッパ卒。1806～14年

11　正装の将校。1806～14年
12　正装の上級将校。1806～14年
13　ドルマンでない上衣の
　　通常勤務服の将校
14　夏季勤務服の将校
15　野戦服の将校　1806～07年
16　野戦服の将校。1812～14年
17　略装上衣の将校
18　社交服の将校。
19　野戦服の将校。1809年

Imperial Guard
Artillery Train of the Guard
親衛牽引砲兵

01 運搬兵。1800年
02 牽引兵。1804～08年
03 牽引兵。1803～04年
04 1等牽引兵。1808～09年
05 牽引兵。1809年末
06 牽引兵。1810年初め
07 牽引兵。1812年初め
08 第2牽引砲兵連隊の牽引兵。1813年

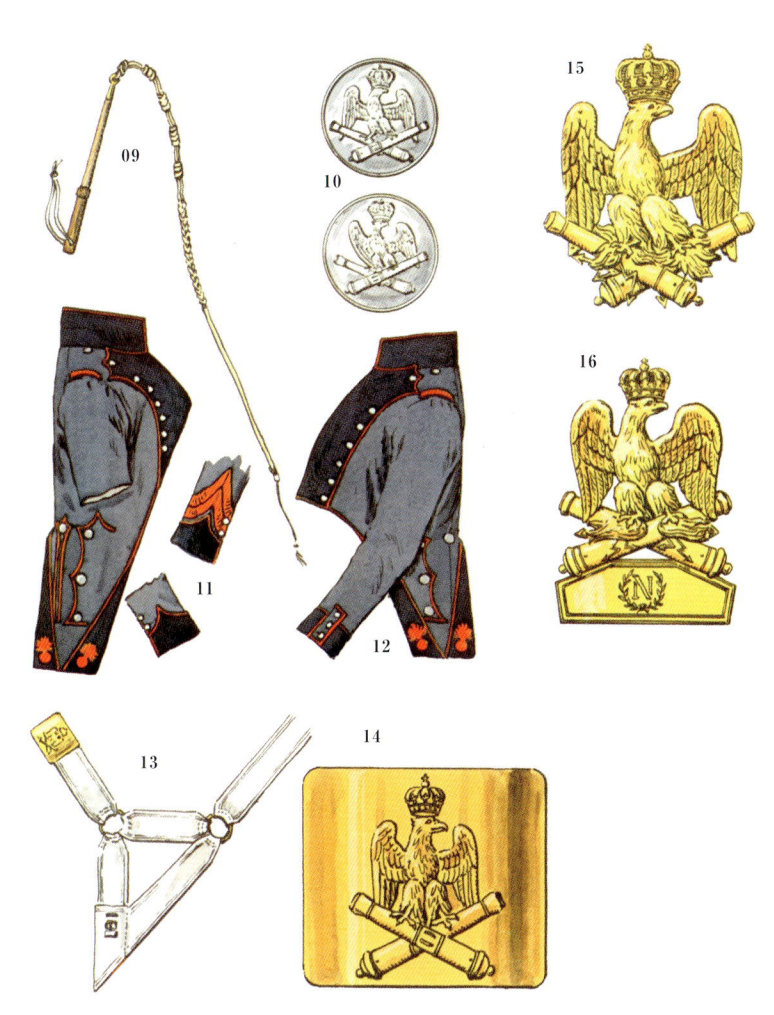

09	御者のムチ	15、16	親衛隊砲兵のシャコー帽章
10	ボタン	17	行軍仕様。1812年
11	1等牽引砲兵の上衣	18	行軍仕様の第1牽引砲兵連隊兵士。1813〜14年
12	第1牽引砲兵連隊の上衣。1813〜14年	19	作業着の第1牽引砲兵連隊兵士。1813〜14年
13	皮革製のサンテュロン（剣吊り）		
14	ベルトプレート		

20 第2牽砲兵連隊兵士。1813〜14年
21 外套姿。1813〜14年
22 牽引砲兵。1815年
23 正装。第1牽砲兵連隊兵士。
　　1813〜14年

01　正装のラッパ卒。1809～11年
02　略装のラッパ卒。1812～14年
03　正装のラッパ卒。1812～14年
04　行軍時の下士官。1803～09年
05　正装の下士官。1803～09年

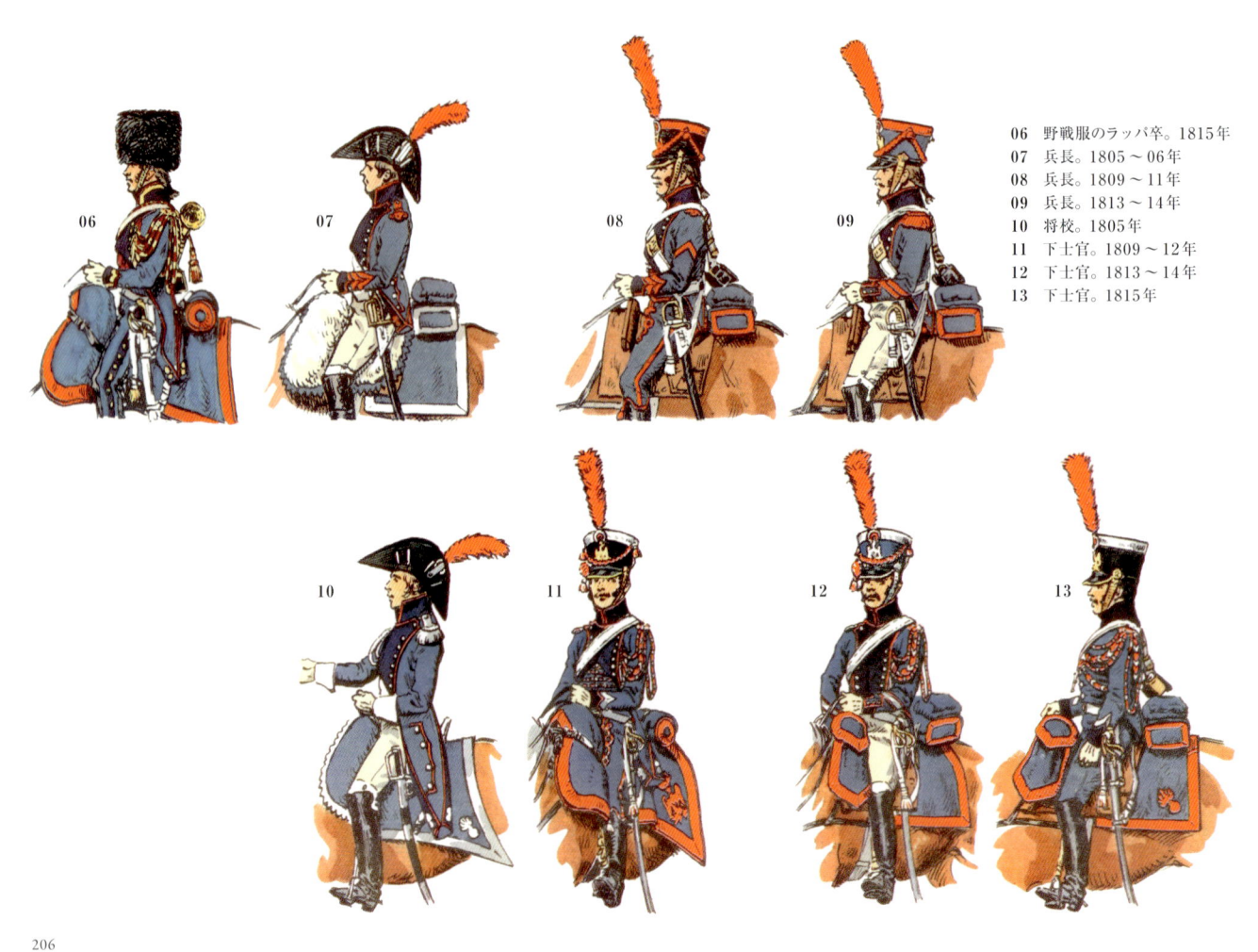

06 野戦服のラッパ卒。1815年
07 兵長。1805〜06年
08 兵長。1809〜11年
09 兵長。1813〜14年
10 将校。1805年
11 下士官。1809〜12年
12 下士官。1813〜14年
13 下士官。1815年

14 砲手長の将校。1803〜04年
15 将校。1805年
16 将校。1809〜14年

皇帝親衛隊

海兵 工兵 支援部隊

Imperial Guard
Marines, Engineers and Auxiliary Corps

　本項では皇帝親衛隊の親衛海兵、親衛工兵、親衛精鋭憲兵を紹介する。

　親衛海兵大隊は1803年9月17日に編成され、5個分隊737人だった。10年には8人のラッパ卒を含む1136人に増強するよう定められたが、完全に実現しないまま、14年6月30日の解隊を迎えた。しかし少尉1人と水兵21人が、エルバ島に流されるナポレオンに従っている。15年の百日天下で150人の規模で再編されたが、同年8月に最終解隊となった。

　親衛海兵隊水兵の制服は、オレンジ色の飾りヒモ付きの濃青色のドルマン（肋骨服）で、袖口とウエストコートは赤く、青い長ズボンにはオレンジ色の側線と装飾があった。ドルマンは完全に閉じ合わせるか、上の3つのボタンだけをかけるのが普通だった。シャコー帽は1804年に導入されたもので、オレンジ色の線が入り、ポンポン、パレード時には赤い羽飾りが上部に付いた。08年には金属帽章付きの第2次モデル、09年にはより丈が高く傾斜が強い形の第3次モデルが採用されている。公式な規則には見当たらないが、水兵には8個ボタン2列のダブル略装上衣もあった。その立ち襟と袖口にはオレンジ色の縁取りがあり、肩章が付属していた。下士官は金と赤の組みヒモを用い、三つ葉形肩章を用いた。階級章は他の親衛部隊と同様とされ、兵曹長は軍曹、兵曹は伍長、主計長は兵長に相当するものとされた。水兵の軍服は2年ごとに更新される、と規定された。

　親衛海兵の将校はたくさんの装飾を施した海軍将校スタイルとして描かれることが多いが、日常的には七つボタンの燕尾上衣で、裾に金色の錨の刺繍が入り、白いウエストコートと金色の装飾線入りの青い半ズボン、ユサール式のブーツを履いていた。上級将校用の正装には豪華な金色の刺繍が加わった。ゴルゲット（のど当て）が親衛海兵の将校に用いられたという証拠は見つかっていない。親衛海兵将校は全員が騎乗した。また、親衛海兵隊は常にナポレオンの「大陸軍」に加わるのではなく、各地に分遣されることが多かった。

　親衛工兵は1810年7月10日の布告で、帝室宮殿の防火任務を担う消防中隊として創設された。139人の規模で、大尉、中尉、少尉、軍曹、4人の伍長、主計下士官、8人の兵長、6人の技術兵（仕立長、製靴長、ポンプ技師）、1等工兵32人、2等工兵72人、移動ポンプ車操作兵10人、2人の鼓手という構成だった。そして、馬2頭で牽引するポンプ車8台と、馬4頭で引く機材馬車を装備していた。彼らの任務はパリ、ベルサイユ、コンピエーニュ、フォンテンブローなどの宮殿を火災から守ることであり、隊長と中尉、ポンプ車4台は常に皇帝の居所に待機、また皇帝が遠征中はポンプ車6台を従えてその司令部に随行した。彼らの制服は暗青色の上衣で、立ち襟、折り襟、袖口は黒いベルベットだった。赤いフリンジ付き正肩章を着け、ポケットの縁取りと裾の折り返しは鮮紅色で、擲弾徽章があった。とさかのある兜は磨かれた鉄製で、兜の代わりに黒いフェルトのシャコーを被ることもある。将校は金色の飾緒と正肩章を着け、すべての将校は騎乗した。

　親衛精鋭憲兵は国家憲兵隊の精鋭中隊を起源とし、1813年3月には1174人を擁していた。制服は青色で、立ち襟、折り襟、袖口は白い縁取り付きの鮮紅色、裏地と裾の折り返しは鈍い赤色だった。ポケットの縁取りは赤、袖口パッチと右肩の肩章は青縁取り付きの鮮紅色、左肩の飾緒は赤・白・青の3色または白色だった。その後、騎馬憲兵は三つ葉形肩章、徒歩憲兵は階級で色が異なる正肩章を両肩に着けた。05年4月には特徴的なツバ付き熊毛帽を被るようになった。ナポレオンの最初の退位後、とさか付き兜が支給されたが、百日天下では熊毛帽が復活し、兜の帽章も国家徽章から擲弾徽章に置き換えられた。

親衛海兵
Marines of the Guard
P.210-213

親衛工兵
Pioneers of the Guard
P.214-216

親衛精鋭憲兵
Elite Gendarmerie of the Guard
P.217-219

Imperial Guard
Marines of the Guard
親衛海兵

01 執政官親衛隊水兵。1804年初め
02 皇帝親衛隊正装。1805年
03 活動的勤務服。1806年
04 作業着
05 活動的勤務服。1807年
06 外出着の主計長
07 正装。1811〜14年
08 海兵隊のマスケット銃

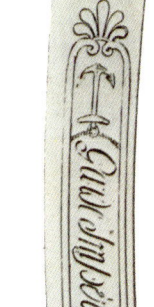

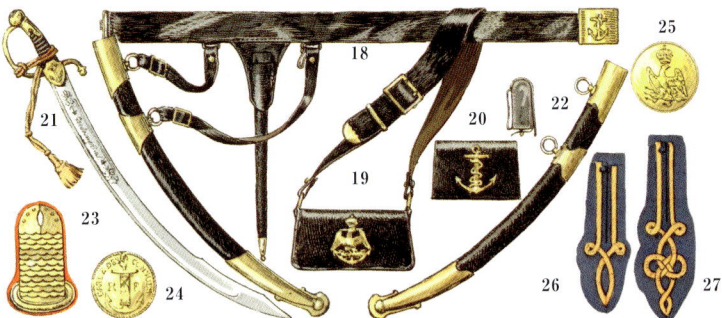

09 下士官用の平紐、角紐、コード
10 サーベルの刃の彫り物
11 第2次モデルのシャコー帽。1808～09年
12 同じく第3次モデル。1809～14年
13 シャコー帽章。実寸122mm
14 ベルトプレート。1809～14年。実寸88mm
15 第4分隊水兵のドルマン。
 a 個人蔵の実物の細部。
 b 6図（P.210）の主計長のドルマン
 c 15図のドルマンの細部
16 ダブル合わせの上衣
17 15図のドルマンの縁取り

18 ベルト一式
19 弾盒
20 小物入れ。1803～04年
21 サーベルと刀緒
22 サーベルの鞘
23 正肩章。実寸87mm幅
24 執政官親衛隊ボタン
25 皇帝親衛隊ボタン
26 正装ズボンの装飾。1811～14年
27 正装ズボンの装飾。1806～11年

28 正装のラッパ卒。1808年
29 正装の鼓手。1811年
30 活動的勤務服のラッパ卒。1807年
31 海兵大尉。1810年
32 海兵中尉。活動的勤務服。1807年
33 正装の海兵少尉。1805年

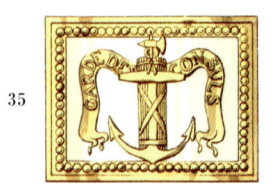

34 将校用サーベル
35 執政官親衛隊将校のベルトプレート
36 将校用ベルトプレート。1805〜09年
37 同じくベルトプレート。1809〜14年

38	正装の水兵。1813年
39	大外套を着た活動的勤務服
40	活動的勤務服。1812～14年
41	海兵大佐の制服の細部。1813～14年
42	海兵中佐
43	海兵大佐。1810～14年
44	軍楽兵
45	外出着の兵曹。1803年
46	正装の兵曹長。1811～14年

上級将校制服の刺繍。
a 立ち襟
b 折り襟
c 袖口
d 上衣の裾の後ろ側と裾の折り返し

Imperial Guard
Pioneers of the Guard
親衛工兵

01　正装の１等工兵
02　行軍仕様の伍長
03　大外套の２等工兵
04　夏季正装の兵長
05　正装の将校
06　夏季正装の鼓手
07　工兵上衣と警察帽

08 新参観衛隊3等工兵
09 日常着の将校
10 工兵の兜
11 兜の鷲章。実寸234mm
12 作業着の工兵
13 工兵。1815年
14 移動ポンプ車。1812～14年

215

Imperial Guard
Elite Gendarmerie of the Guard

親衛精鋭憲兵

01　正装の憲兵。1801〜05年
02　徒歩憲兵正装。1805〜06年
03　外套を着た憲兵。1805〜15年
04　正装の憲兵。1809〜10年
05　行軍時の憲兵。1805〜07年

06　外出着の憲兵
07　勤務服の憲兵。
　　1810～15年
08　ケープ姿の徒歩憲兵。
　　1810～15年
09　鞍掛け布と背嚢（はいのう）
　　およびバッグ。
　　1801～07年
10　馬具。1808～15年

階級章
a　兵長
b　伍長
c　軍曹
d　徒歩憲兵伍長の正肩章
e　兵長の飾緒
f　下士官の飾緒
g　下士官の三つ葉形肩章

11　伍長
12　行軍時の憲兵。1807〜08年
13　略装上衣の憲兵。1806年
14　同じく憲兵。1813年
15　百日天下の初期の憲兵

219

Color Chart　カラーチャート　本チャートはアンドレア・プレス社が独自に作成したもので、本文中の表記とは直接、参照できません。

Laiton ou aurore jaune レトンまたは オロール・ジョーン 真鍮色または曙黄色	**Orange** オランジュ オレンジ色	**Rose** ローズ 薔薇色	**Lie-de-vin** リ・ドゥ・ヴァン 紫がかった赤色 （ワイン洋色）
Aurore doré オロール・ドレ 曙金色	**Aurore** オロール 曙色（曙光色）	**Rose foncé** ローズ・フォンセ 濃薔薇色	**Gris argentin** グリザルジャンタン 灰銀色
Jonquille ジョンキィユ 薄黄色	**Capucine** キャピュシン 赤橙色	**Bleu céleste foncé** ブル・セレスト・フォンセ 濃空色	**Gris de fer** グリ・ドゥ・フェール 鉄灰色
Jaune d'or ジョーヌ・ドール 黄金色	**Écarlate** エキャルラットゥ 深紅緋色	**Bleu de roi clair** ブル・ドゥ・ロワ・クレール 明るいロイヤルブルー	**Gris de fer foncé** グリ・ドゥ・フェール・フォンセ 濃鉄灰色
Chamois シャモワ 淡黄色	**Garance** ギャランス 茜色	**Bleu de roi foncé** ブル・ドゥ・ロワ・フォンセ 濃いロイヤルブルー **Bleu impérial indigo** ブル・アンペリアル・アンディゴ 帝国青藍色	**Gris de fer bleuté** グリ・ドゥ・フェール・ブルテ 青みを帯びた鉄灰色
Ventre-de-biche ヴァントル・ドゥ・ビシュ 薄桃色	**Cramoisi** クラモワジィ 深紅色	**Bleu céleste clair** ブル・セレスト・クレール 明るい空色	**Brun marron** ブラン・マロン 栗褐色（栗茶色）

※編集原注記　執政期から帝政期にかけて、各連隊は個別の連隊色で識別された。
※※監訳者注記　本チャートの音訳・翻訳は辻元玲子が担当しました。文化学園大学の小柴朋子教授のご協力を得て、同大の勝山祐子准教授に音訳の監修をしていただきました。
「濃いロイヤルブルー」は王政時代の色名で、ナポレオン時代に「帝国青藍色」と改名しました。

Bibliography 参考文献・資料

DOCUMENTS 文書
- Administrative War Archives
- Archives de la Guerre
- Elberfield manuscript
- Bardin manuscript
- Marckolshein manuscript
- Sauerweid manuscript
- Freyberg Manuscript
- Berriat's 'Military Legislation'
- Decree of the 'Masses Generals' (3rd December, 1802)
- Matriculation Register of the three Regiments of Grenadiers
- Manuscript of the 1812 Regulation
- Order books of Malmaison
- Handbook for artillery officers of 1809
- 'Manual of Administration and Auditing of the Clothing Lists'
- 'Livre d'Or de la Gendarmerie' Commandant Bucquoy
- Artillery Manual Gassendi

PUBLICATIONS 出版物
- The Eagles of the Dutch Regiments O. Hollander
- The History of the Imperial Guard Marco de Saint-Hilaire
- La Giberne
- 'Dress of the Troops of France' Job
- 'Masses d'Habillemant' of Le Goupil Magimel, 1812,
- Carnet de la Sabretache
- The Uniforms of the First Empire Gambarzeski
- The Imperial Guard L. Fallou
- Le Sabretache
- La grande Armée de 1812 Jean and Raoul Brunon

- Military Journal, 1813
- Military Journal of 28th May, 1807
- Revue de Decadi Carle Vernet and Isabey
- Tenues des Troupes de France Job
- Uniformenkunde Richard Knotel
- Uniforms of the 1st Empire' Richard Knotel
- 'Uniformes de l'Armee Française', Lienhardt and Humbert's

LETTERS AND PERSONAL DOCUMENTS 書簡と個人文書
- Documents of Pierre François Charles Augereau
- Daily Orders of Major Bautancourt
- Journal de Castellane
- Letters of General d'Aboville
- 'Memoirs of the Infantry officer'.
- Zaluski Memoirs
- Memoirs of Pion de Loches (Captain of the 3rd company of Foot Artillery of the Guard)
- Letters of Drouot (Colonel and Major-Commandant of Foot Artillery
- 'Table of the Organisation of the National Gendarmerie in the Departments of the Roer, the Rhine, and the Moselle, Mont-Tonnerre, and the Saar',
- Printed in Year VIII at Aix-la-Chapelle.
- Notes of Colonel de Brack (4th Hussars, 1833. De Brack was a Captain of the Red Lancers in 1812)

PAINTING 絵画
- Works by Alexis Chataignier

- The marriage Procesión of Napoleón and Marie Louise in the Tuileries Gradens Garnier
- Napoleon wounded at Ratisbon Gautheraux
- Napoleon's bivouac at Ebersberg Mongin
- Drawings (Viena 1809) Albert Adam
- The First Distribution of the Cross of the Legion of Honour in the Church of Les Invalides, 14th July 1804 Debret
- 'Battle of Marengo' General Lejeume
- Le Cortège du mariage de Napoléon avec Marie-Louise Musée de Versailles David
- La distribution des Aigles David
- 'The Triumph of Marat' Boilla
- The Battle of Wagram Horace Vernet
- The Battle of Wagram Gros
- Work paintings Gericault
- Water-colours Kolbe
- Album of water-colours Carle Vernet
- Portrait of Honore de Lariboisiene Gros
- Portrait of Captain de Lassus-Marcilly Carnet de la Sabretache 1914
- Portrait of Eugene de Beauharnais Harry Scheffer
- Raffet

- Charlet
- Bellangue
- Bastin
- Lami
- Philippoteaux

DRAWINGS BY スケッチ作者:
- Martinet
- Berka
- Hertzberg
- Colonel Jolly
- Gebty
- Gosse
- Henschel
- Brommer at Dresden (1814)
- Meter Hesse
- Valmont
- on Breitenbach (officer of Wurtemburg cavalry)
- P. Mongin
- Zimmermann

PLATES 図版
- Marbot
- Noirmont
- Martinet
- Chataignier and Poisson
- Potrelle
- Weilland

ENGRAVINGS 版画
- 1st type of light horse Martinet
- 'Execution of Marie-Antoinette' Monnet
- National Library of engravings Hoffman
- 'Marie-Antoinette before the Revolutionary Tribunal' Bouillon;
- 'The Uniforms of the Imperial Army'
- Chataignier
- Poisson
- Martinet

- Jean
- Lehmann
- Lecomte.
- de Moraine.
- Duplessis-Bertaux
- Carle Vernet

SCULPTURE 彫刻
- Arc de Triomphe de Caronsel Dumont
- Rossbach Column (Versailles Museum)
- Waffard

MUSEUMS 博物館
- Musee de l'Armée
- Detaille Collection (Musée d l'Armée)
- Intendance Museum of St. Petersburg
- Two centuries of Military Glory Exhibition. Paris, 1935

COLLECTIONS コレクション
- L'Estang Collection. (Drawings from Duboys)
- Wurtz Collection
- A. Depreaux Collection
- Alsace Collection
- Burgeois de Hambourg
- Boersch Collection (Paper soldiers)
- Bernard Frank Collection (miniatures)
- Raoul and Jean Brunon Collection.

著者プロフィール

リュシアン・ルスロ　Lucien Rousselot（1900～92年）

　フランス陸軍公認画家（1960年任命）。リュシアン・ルスロは世界で最も重要な軍事画家の一人であり、軍装史研究を真の学術レベルに高める重要な役割を果たした。彼が生まれた当時、1871年の普仏戦争で、プロイセン軍に敗れたことによる心理的な傷跡がフランス国民に深く残っていた。しかしその少し前には、ナポレオン1世のフランス軍が全欧州を席巻し、人々を熱狂させていたのだった。彼は有名なパリ装飾美術学校で画法を学び、同時に古典的な軍事イラストの世界を探求した。ルスロの偉大な才能は慎み深くも激しく仕事に献身する姿勢にあり、最も困難な時代に厳密で実証的な、驚くべき水彩画として結実した。その成果の一端が本書である。

監訳者紹介

辻元よしふみ　Yoshifumi Tsujimoto

　戦史・服飾史・軍装史研究家。1967年岐阜市生まれ。早大卒。著書に『図説 軍服の歴史5000年』『スーツ＝軍服⁉ スーツ・ファッションはミリタリー・ファッションの末裔だった‼』（いずれも彩流社）など。日刊ゲンダイ（土日版）に「鉄板！おしゃれ道」を連載し、テレビ番組「所さんの学校では教えてくれないそこんトコロ！」（テレビ東京系）などに出演。日本文藝家協会、日本ペンクラブ、国際服飾学会、服飾文化学会、軍事史学会に所属。

辻元玲子　Reiko Tsujimoto

　歴史考証復元画家（ヒストリカル・イラストレーター）。本書ではフランス語の訳出を中心に参加しており、イラストは描いていない。1972年横浜市生まれ。桐朋学園大学音楽学部演奏学科声楽専攻卒。著書に『まんがで楽典』（全音楽譜出版社）。夫よしふみとの共著で『図説 軍服の歴史5000年』『スーツ＝軍服⁉ スーツ・ファッションはミリタリー・ファッションの末裔だった‼』（いずれも彩流社）がある。日本理科美術協会会員。

監修翻訳者よりご注意

　本書の原書は、もともと、リュシアン・ルスロ氏が長年かけて少しずつ発表した研究成果の中から、ナポレオン軍に関するものだけを、アメリカのアンドレア・プレス社が独自に抽出し、ルスロ氏のフランス語テキストを英語訳して編集したものです。こういう経緯なので、ルスロ氏の原文がすでに、用語の統一がとれていません。また、ルスロ氏は多くの古文書を参照しており、それがまたいろいろな言語だったと思われ、その古文書の原表記に従っている点もあるでしょう。さらに、アンドレア社がフランス語を英訳した時点でも、いくつかの誤解や誤訳も含めて混乱が起きているようです。このため、どの時点で出てきた用語か分からないものは、あえて統一していません。たとえばマントー Manteau（フランス語で外套。日本でいうマント Mantle ではない）、クローク Cloak、大外套 Greatcoat、ケープ Cape といった用語は、本文ではそれぞれ何を指しているのか必ずしも明確ではありません。あるページでマントーと呼んでいるのと同じような服が別の箇所ではクローク、と表現されている、といった例が多々あります。また、どうもフランス語のフラク Frac（燕尾服）を英語にする際にフロックコート Frockcoat としているらしき箇所がいくつかあり、これは明らかな誤訳と見て修正しました。しかし、それ以外は、安易に判断することを避け、英語版を基にし、用語も統一していません。

　兵科、兵種について。たとえば擲弾兵 Grenadier や竜騎兵 Dragoon といった用語は、フランス語としてはグレナディエやドラゴンとするべきところでしょうが、あくまで英語版が基ですので、グレナディアー、ドラグーンなどと英語風に表記しています。英語の Foot Grenadier は直訳すれば「徒歩の擲弾兵」、Mounted Grenadier は「馬上の擲弾兵」ですが、日本語的に擲弾歩兵、擲弾騎兵などと翻訳しています。Foot Grenadier 全体で「擲弾歩兵」ですので、たとえば「擲弾（グレナディアー）歩兵」といった語学的に無理のある表記はしておりません。ほかの兵科、兵種も同様な方針をとっています。なお、英語版でも猟騎兵だけは Chasseurs a cheval とフランス語風な表現のままです。これは、フランス語の chasseurs à cheval（直訳すれば、馬上の猟兵）を外来語として受け入れ、たとえば Mounted Chasseur などと強引に英訳することを避けているようです。最後に、巻末にあるカラーチャートはアンドレア社が独自に作成したもので、フランス語表記です。原書に、本文中の英語表記と合致させるような配慮はないので、たとえば本文で「暗青色 Dark Blue」とあるものは、チャートの「帝国青藍色」なのでしょうが、明確な根拠はないのでそのままにしてあります。なお、本文とキャプションに入っている注記は、断り書きがない場合、すべて訳者による注です。

華麗なるナポレオン軍の軍服
絵で見る上衣・軍帽・馬具・配色

The Uniforms of La Grande Armée
Jackets, Shakoes, Harness and etc. in Color Plates

2014年10月20日　第1刷発行

著者
リュシアン・ルスロ

監修翻訳
辻元よしふみ、辻元玲子

装丁
なかよし図工室

発行者
山崎 正夫

印刷・製本
広研印刷株式会社

発行所
株式会社マール社
〒113-0033　東京都文京区本郷1-20-9
TEL 03-3812-5437　FAX 03-3814-8872
http://www.maar.com/

ISBN978-4-8373-0743-3 Printed in Japan
©MAAR-sha Publishing Company LTD. 2014
乱丁・落丁の場合はお取り替えいたします。